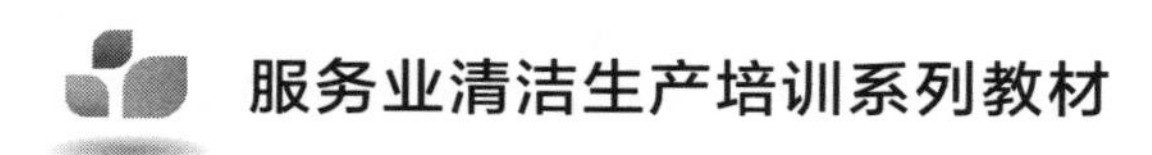

环境及公共设施管理行业
清洁生产培训教材

孙 楠 高 山 李晓丹 等编著

化学工业出版社

·北京·

本书共分8章，主要包括清洁生产概述，服务业清洁生产现状及发展趋势，环境及公共设施管理行业概况及特点，环境及公共设施管理行业清洁生产审核方法，环境及公共设施管理行业评价指标体系及评价方法，环境及公共设施管理行业清洁生产先进管理经验和技术，环境及公共设施管理行业清洁生产审核案例，环境及公共设施管理行业清洁生产组织模式和促进机制；本书正文后还附有行业政策类和技术类文件。

本书可供从事清洁生产研究的技术人员、管理人员参考，也可供高等学校环境科学与工程及相关专业师生参阅。

图书在版编目（CIP）数据

环境及公共设施管理行业清洁生产培训教材/孙楠等编著. —北京：化学工业出版社，2018.7

服务业清洁生产培训系列教材

ISBN 978-7-122-32216-6

Ⅰ.①环… Ⅱ.①孙… Ⅲ.①城市公用设施-公共管理-无污染技术-技术培训-教材 Ⅳ.①TU998

中国版本图书馆CIP数据核字（2018）第109999号

责任编辑：刘兴春　刘　婧　　　文字编辑：汲永臻

责任校对：边　涛　　　装帧设计：韩　飞

出版发行：化学工业出版社（北京市东城区青年湖南街13号　邮政编码100011）

印　　装：三河市延风印装有限公司

710mm×1000mm　1/16　印张14½　字数230千字　2019年1月北京第1版第1次印刷

购书咨询：010-64518888　　售后服务：010-64518899

网　　址：http://www.cip.com.cn

凡购买本书，如有缺损质量问题，本社销售中心负责调换。

定　　价：68.00元

《环境及公共设施管理行业清洁生产培训教材》

编著人员名单

编著者（排名不分先后）：

孙　楠　高　山　李晓丹　刘桂中

安同艳　孙长虹　刘欣艳　张　旭

毕崇涛　于承迎　李　旭　李　靖

李忠武　陈　征

前言

清洁生产，其核心思想是将整体预防的环境战略持续运用于生产过程、产品和服务中，以提高生态效率，并减少对人类和环境的威胁，实现节能、降耗、减污、增效的目标。清洁生产代表了环境保护思路从“末端治理”转为“源头控制”，以及环境保护战略“由被动反应转变为主动行动”。

自20世纪70年代起，国际社会开始推行清洁生产，目前欧盟部分国家、美国、加拿大、日本和中国均在推行清洁生产机制。我国清洁生产工作历经20余年发展，目前全国已建立了20多个省级清洁生产中心，已基本形成一套较完善的清洁生产政策法规体系。清洁生产成为国家深入推进节能减排工作、促进产业升级、实现经济社会可持续发展的重要途径。

北京市自1993年起积极推行清洁生产，结合经济社会发展特点及节能环保工作要求，通过开展清洁生产审核评估、推广清洁生产项目，在全市产业结构优化调整、技术升级改造、节能减排、治理空气污染等方面发挥了重要作用。2012年，国家发改委、财政部批准北京市为全国唯一服务业清洁生产试点城市，北京市选取能耗、水耗、污染物排放较高的医疗机构、高等院校、住宿餐饮、商业零售、洗衣、沐浴、商务楼宇、交通运输、汽车维修与拆解、环境及公共设施管理10个重点行业或领域作为试点，探索开展服务业清洁生产工作。经过5年多的探索实践，北京市建立了服务业清洁生产推广模式，制定了10个服务业重点领域清洁生产评价指标体系，推广了一批服务业清洁生产示范项目，取得了较好的环境效益和经济效益，为实现服务业绿色发展提供了技术支撑。《服务业清洁生产培训系列教材》就是在系统总结北京市服务业清洁生产实践经验基础上编著的，共包括10本，分别针对服务业10个重点领域阐述了清洁生产审核方法、先进管理经验和技术等内容，填补了服务业清洁生产相关图书空白。

一个城市的建设和发展离不开完善的环境公共设施管理与之配套。随着城市建设加快、环境整治力度加强，北京市的环境与公共设施管理建设已经有了较大的进步。然而，目前北京市环境基础设施的建设管理仍然滞后于城市化进程，节能环保问题仍然存在。节能环保设备使用率低、污染治理设施配置不当、环境管理水平较低、资源能源消耗量高等诸多问题制约了该行业的健康持续发展。在全国的许多大中型城市中，环境及公共设施管理行业的节能环保问题及危害已引起有关部门和社会的广泛关注。

近年来，国家和地方逐渐加强了环境及公共设施管理行业环境管理，先后出台了《城市污水处理及污染防治技术政策》《城镇排水与污水处理条例》《生活垃圾处理技术指南》《城镇污水处理厂水污染物排放标准》《生活垃圾填埋场污染控制标准》等一系列政策、法规和标准。在这种背景下，进一步实现环境及公共设施管理行业可持续发展，不断推进和强化该行业的清洁生产将成为必由之路。

《北京市服务业清洁生产试点城市建设实施方案（2012—2015年）》中，将环境及公共设施管理行业作为重点领域之一大力推行清洁生产。本书在环境及公共设施管理行业清洁生产试点工作的基础上，系统总结了环境及公共设施管理行业清洁生产审核方法、评价指标体系、实践案例、清洁生产技术、管理经验及清洁生产推广模式，为促进环境及公共设施管理行业绿色、可持续发展提供了技术支持。

本书由长期工作在清洁生产一线的专业技术人员、管理人员及从事环境及公共设施管理行业的节能环保专家共同完成。在编著过程中，部分环境及公共设施管理企业和机构为本书提供了大量数据、图片和资料；在成稿过程中得到了北京环境保护科学研究院的刘桂中、安同艳、孙长虹和北京市环境卫生设计科学研究所的刘欣艳、张旭、毕崇涛等同仁的大力支持。此外，在本书的编著过程中，还得到了北京节能环保中心于承迎、李旭、李靖、李忠武和陈征等同事的积极配合，在此一并表示诚挚的谢意。

限于编著者水平和编著时间，书中不足之处在所难免，敬请读者批评指正。

编著者

2018 年 6 月

目录 CONTENTS

附录2 技术类文件 206

第1章 清洁生产概述

1.1 清洁生产的起源

清洁生产（cleaner production）是一种为节约资源和保护环境而采取的综合预防战略，是在回顾和总结工业化实践的基础上提出的，是社会经济发展和环境保护对策演变到一定阶段的必然结果。清洁生产是人们思想和观念的一种转变，即环境保护战略由被动反应向主动行动的一种转变。它综合考虑了生产、服务和消费过程的环境风险、资源和环境容量、成本和经济效益。与以往不同的是，清洁生产突破了过去以末端治理为主的环境保护对策的局限，将污染预防纳入产品设计、生产过程和所提供的服务之中，是实现经济与环境协调发展的重要手段。

工业化初期，由于对自然资源与能源的合理利用缺乏认识，对污染控制技术缺乏了解，采用粗放型的生产方式，片面追求经济的快速跃进，造成自然资源与能源的巨大浪费，部分工业废气、废水和废渣主要靠自然环境的自身稀释和自净能力进行消化，对排放的污染物数量和毒性缺乏管理，造成了污染物在不同环境介质中转移，加大了环境污染范围和人群健康危害，随着工业化进程推进、对自然了解逐渐深入以及科学技术不断发展，人们开始思考通过在污染物产生的源头减少其产生量的办法来解决环境污染问题。

清洁生产概念最早可追溯到1976年。当年欧共体（现欧盟）在巴黎举行“无废工艺和无废生产国际研讨会”，会上提出“消除造成污染的根源”的思想；1979年4月欧共体理事会宣布推行清洁生产政策；1984年、1985

年、1987 年欧共体环境事务委员会三次拨款支持建立清洁生产示范工程。

进入 20 世纪 80 年代以后，随着工业发展，全球性的环境污染和生态破坏越来越严重，能源和资源短缺也日益困扰着人们。在经历了几十年的末端处理之后，美国等发达国家重新审视环境保护历程，虽然在大气污染控制、水污染控制以及固体和有害废物处置方面均已取得显著进展，空气、水环境质量等明显改善，但全球气候变暖、臭氧层破坏等环境问题仍令人望而生畏。人们认识到，仅依靠实施污染治理所能实现的环境改善是有限的，关心产品和其生产过程对环境的影响，依靠改进生产工艺和加强过程管理等措施来消除污染可能更为有效。

1989 年 5 月联合国环境规划署工业与环境规划活动中心（UNEP IE/PAC）根据 UNEP 理事会会议的决议，制订了《清洁生产计划》，在全球范围内推进清洁生产。该计划的主要内容之一为组建两类工作组：一类为制革、造纸、纺织、金属表面加工等行业清洁生产工作组；另一类是清洁生产政策及战略、数据网络、教育等业务工作组。该计划强调要面向政界、工业界和学术界人士提高清洁生产意识，教育公众，推进清洁生产的行动。1992 年 6 月，在巴西里约热内卢召开的“联合国环境与发展大会”上通过了《21 世纪议程》，号召工业提高能效，更新替代对环境有害的产品和原料，推动实现工业可持续发展。

自 1990 年以来，联合国环境署已先后在坎特伯雷、巴黎、华沙、牛津、汉城（现首尔）、蒙特利尔举办了六次国际清洁生产高级研讨会。在 1998 年 10 月在汉城第五次国际清洁生产高级研讨会上，出台了《国际清洁生产宣言》，由包括 13 个国家的部长及其他高级代表和 9 位公司领导人在内的 64 位签署者共同签署。《国际清洁生产宣言》的主要目的，是提高公共部门和私有部门中关键决策者对清洁生产战略的理解，它也会激励对清洁生产咨询服务的更广泛需求，是将清洁生产作为一种环境管理战略的公开承诺。

20 世纪 90 年代初，经济合作与发展组织（OECD）在许多国家采取不同措施鼓励采用清洁生产技术。自 1995 年以来，OECD 国家的政府开始执行针对产品的环境战略，引进生命周期分析，以确定在产品哪一个生命周期阶段，有机会削减或替代原材料投入，以最有效并最低费用消除污染物和废物。这一战略刺激引导生产商、制造商以及政府去寻找更有效的途径来实现清洁生产。

美国、荷兰、丹麦等发达国家在清洁生产立法、机构建设、科学研究、信息交换、示范项目等领域取得明显成就。发达国家清洁生产政策有两个重要倾向：一是着眼点从清洁生产技术逐渐转向产品的全生命周期；二是从重视大型企业和工业，转变为更重视扶持中小企业进行清洁生产，包括提供财政补贴、项目支持、技术服务和信息等措施。

当前，全球面临着环境风险不断增长、气候变化异常、生态环境质量恶化以及资源能源紧缺等多重挑战，清洁生产理念已经从工业生产向农业、服务业及社会生活等方面渗透。生态设计、产品全生命周期控制、废物资源化利用等作为未来清洁生产的发展方向，将持续影响到人们生产与生活的各个方面。

1.2 清洁生产的概念

1.2.1 什么是清洁生产

清洁生产是人们思想和观念的一种转变，即环境保护战略由被动反应向主动行动的一种转型。联合国环境规划署在总结了各国开展的污染预防活动并加以分析提升后，提出了清洁生产的定义，即：清洁生产是一种新的创造性的思想，该思想将整体预防的环境战略持续应用于生产过程、产品和服务中，以提高生态效率和减少人类及环境的风险。

① 对生产过程，节约原材料和能源，淘汰有毒原材料，减少废物的数量并降低毒性。

② 对产品，减少从原材料提炼到产品最终处置的全生命周期的不利影响。

③ 对服务，将环境因素纳入设计和所提供的服务中。

《中华人民共和国清洁生产促进法》对清洁生产的定义如下：清洁生产是指不断采取改进设计、使用清洁的能源和原料、采取先进的工艺技术与设备、改善管理、综合利用等措施，从源头削减污染，提高资源利用效率，减少或者避免生产、服务和产品使用过程中污染物的产生和排放，以减轻或者消除对人类健康和环境的危害。

清洁生产是一种全新的环境保护战略，是从单纯依靠末端治理逐步转向过程控制的一种转变。清洁生产从生态和经济两大系统的整体优化出发，借助各种相关理论和技术，在产品整个生命周期的各个环节采取战略性、综合性、预防性措施，将生产技术、生产过程、经营管理及产品等与物流、能量、信息等要素有机结合起来并优化其运行方式，实现最小的环境影响、最少的资源能源使用、最佳的管理模式以及最优化的经济增长水平，最终实现经济的可持续发展。

传统的经济发展模式不注重资源的合理利用和循环回收，大量、快速消耗资源，对人类健康和环境造成危害。与传统经济不同，清洁生产注重将综合预防的环境战略持续应用到生产过程、产品和服务中，以减少对人类和环境的危害。

具体来说，清洁生产主要包括以下 3 个方面的含义。

① 自然资源的合理利用，即要求投入最少的原材料和能源，生产出尽可能多的产品，提供尽可能多的服务，包括最大限度节约能源和原材料、利用可再生能源或清洁能源、利用无毒无害原材料、减少使用稀有原材料、循环利用物料等措施。

② 经济效益最大化，即通过节约能源、降低损耗、提高生产效益和产品质量，达到降低生产成本、提升企业竞争力的目的。

③ 对人类健康和环境的危害最小化，即通过最大限度减少有毒有害物料的使用、采用无废或者少废技术和工艺、减少生产过程中的各种危险因素、废物的回收和循环利用、采用可降解材料生产产品和包装、合理包装以及改善产品功能等措施，实现对人类健康和环境危害的最小化。

1.2.2 为什么要推行清洁生产

1.2.2.1 推行清洁生产是可持续发展战略的要求

1992 年在巴西里约热内卢召开的联合国环境与发展大会是世界各国对环境和发展问题的一次联合行动。会议通过的《21 世纪议程》制订了可持续发展的重大行动计划，可持续发展已得到各国的共识。

《21 世纪议程》将清洁生产看作是实现持续发展的关键因素，号召工业提高能效，开发更清洁的技术，更新、替代对环境有害的产品和原材料，实现环境与资源的保护和有效管理。

1.2.2.2　推行清洁生产是控制环境污染的有效手段

自 1972 年斯德哥尔摩联合国人类环境会议以后，虽然国际社会为保护环境做出了很大努力，但环境污染和自然环境恶化的趋势并未得到有效控制。与此同时，气候变化、臭氧层破坏、海洋污染、生物多样性损失和生态环境恶化等全球性环境问题的加剧，对人类的生存和发展构成了严重的威胁。

造成全球环境问题的原因是多方面的，其中以被动反应为主的“先污染后治理”的环境管理体系存在严重缺陷。

清洁生产彻底改变了过去被动的污染控制手段，强调在污染产生之前就予以削减，即在生产和服务过程中减少污染物的产生和对环境的影响。实践证明，这一主动行动具有效率高、较末端治理花费少、容易被企业接受等优点。

1.2.2.3　推行清洁生产可大幅降低末端处理费用

目前，末端治理是控制污染的重要手段，对保护环境起着极为重要的作用，如果没有它，今天的地球可能早已面目全非，但人们也因此付出了高昂的代价。

清洁生产可以减少甚至在某些情形下消除污染物的产生。这样，不仅可以减少末端处理设施的建设投资，而且可以减少日常运维费用。

1.2.2.4　推行清洁生产可提高企业的市场竞争力

清洁生产有助于提高管理水平，节能、降耗、减污，从而降低生产成本，提高经济效益；同时，清洁生产还可以树立企业形象，促使公众支持企业产品。

随着全球性环境污染问题的日益加剧，能源、资源急剧耗竭以及公众环境意识的不断提高，一些发达国家和地区认识到进一步预防和控制污染的有效途径是加强产品及其生产过程和服务的环境管理。推行清洁生产将不仅对环境保护产生影响，更会对企业的生产和销售产生重大影响，直接关系到企业的市场竞争力。

1.2.3 如何实施清洁生产

目前，不论是发达国家还是发展中国家都在研究如何推进本国的清洁生产。

(1) 政府层面推行清洁生产采取的措施

政府层面，推行清洁生产应采取以下措施：

① 完善法律法规，制定经济激励政策以鼓励企业推行清洁生产；

② 制定标准规范，指导企业推行清洁生产；

③ 开展宣传培训，提高全社会清洁生产意识；

④ 优化产业结构；

⑤ 支持清洁生产技术研发，建立清洁生产示范项目；

⑥ 壮大清洁生产产业，提高清洁生产技术服务能力等。

(2) 企业层面推行清洁生产采取的措施

企业层面，推行清洁生产应采取以下措施：

① 制订清洁生产战略计划；

② 加强员工清洁生产培训；

③ 开展产品（服务）生态设计；

④ 应用清洁生产技术装备；

⑤ 提高资源能源利用效率；

⑥ 开展清洁生产审核等。

1.3 我国清洁生产实践

我国清洁生产的形成和发展经历了 3 个阶段。

(1) 引进阶段（1989～1992 年）

1992 年，中国积极响应联合国可持续发展战略和《21 世纪议程》倡导的清洁生产号召，将推行清洁生产列入《环境与发展十大对策》，由此正式拉开了中国实施清洁生产的序幕。1992 年 5 月，国家环保局与联合国环境署联合在中国举办的第一次国际清洁生产研讨会，首次推出“中国清洁生产行动计划（草案）”。

（2）试点示范阶段（1993～2002 年）

1993 年 10 月，在第二次全国工业污染防治会议上，国务院、国家经贸委及国家环保局明确了清洁生产在我国工业污染防治中的地位。

1994 年，《中国 21 世纪议程》将清洁生产列为优先领域。

1999 年，《关于实施清洁生产示范试点的通知》选择了北京等 10 个城市作为清洁生产试点城市；选择了石化等 5 个行业作为清洁生产试点行业。

（3）建章立制及全面推广阶段（2003 年至今）

2002 年 6 月，第九届全国人大常委会第二十八次会议审议通过《中华人民共和国清洁生产促进法》，于 2003 年 1 月 1 日起施行。《清洁生产促进法》的颁布使清洁生产纳入法制化轨道。为了全面贯彻实施《清洁生产促进法》，国家发展改革委会同原国家环保局联合下发了《清洁生产审核暂行办法》。

2004 年 10 月，财政部发布《中央补助地方清洁生产专项资金使用管理办法》，由中央财政预算安排用于支持重点行业中小企业实施清洁生产，重点支持石化、冶金、化工、轻工、纺织、建材等污染相对严重的行业。

2005 年至今，《重点企业清洁生产审核程序的规定》《关于进一步加强重点企业清洁生产审核工作的通知》《关于深入推进重点企业清洁生产的通知》等促进了我国清洁生产工作的深入开展。

2009 年 10 月 30 日，财政部与工信部联合发布《中央财政清洁生产专项资金管理暂行办法》，是中央财政预算安排的专项用于补助和事后奖励清洁生产技术示范项目。

2011 年 3 月，《中华人民共和国国民经济和社会发展第十二个五年规划纲要》提出：加快推行清洁生产，在农业、工业、建筑、商贸服务等重点领域推进清洁生产示范，从源头和全过程控制污染物产生和排放，降低资源消耗。

2011 年 12 月，《国家环境保护“十二五”规划》提出：大力推行清洁生产和发展循环经济。提高造纸、印染、化工、冶金、建材、有色、制革等行业污染物排放标准和清洁生产评价指标。

2011 年 12 月，《工业转型升级规划（2011—2015 年）》提出：健全激励与约束机制，推广应用先进节能减排技术，推进清洁生产。促进工业清洁生产和污染治理，以污染物排放强度高的行业为重点，加强清洁生产审核，组织编制清洁生产推行方案、实施方案和评价指标体系。在重点行业开展共性、关键清洁生产技术应用示范，推动实施一批重大清洁生产技术改造项目。

2012 年 2 月，第十一届全国人民代表大会常务委员会第二十五次会议通过《关于修改〈中华人民共和国清洁生产促进法〉的决定》。

2012 年 8 月，《节能减排“十二五”规划》提出：以钢铁、水泥、氮肥、造纸等行业为重点，大力推行清洁生产，加快重大、共性技术的示范和推广，完善清洁生产评价指标体系，开展工业产品生态设计、农业和服务业清洁生产试点。

随着《中华人民共和国清洁生产促进法》的出台，各省（区、市）根据本地区的实际情况，颁布实施了《清洁生产审核暂行办法实施细则》等地方推行清洁生产的政策法规；天津、云南等地还颁布了《清洁生产条例》。

2016 年 5 月，国家发展改革委，环境保护部发布了《清洁生产审核办法》。

1.4　北京清洁生产实践

北京市清洁生产的发展可分为以下 3 个阶段。

（1）试点示范阶段（1993～2004 年）

北京市引进清洁生产思想、知识和方法。在世界银行“推进清洁生产”的支持下，北京红星股份有限公司等多家企业开展了清洁生产审核。

（2）快速发展阶段（2002～2009 年）

北京市积极组织清洁生产潜力调研。建立健全政策法规体系。在此期间，14 个行业近 200 家企业开展清洁生产审核。

2007 年 5 月，北京市财政局、发展改革委、工业促进局和环保局联合制定了《北京市支持清洁生产资金使用办法》，在整合中小企业专项资金、固定资产投资资金和排污收费资金的基础上，统筹建立了清洁生产专项资金支持渠道。

（3）探索新领域阶段（2010 年至今）

在此期间，根据产业结构特点，北京市启动服务业清洁生产审核试点工作，2012 年北京市获得国家发改委、财政部批准，成为全国唯一一个服务业清洁生产试点城市，并选择以医疗机构、住宿餐饮、商业零售等 10 个重点领域推行清洁生产。2014 年，北京市在农业领域启动清洁生产，在种植、养殖和水产行业推行清洁生产，并推进示范项目。至此，北京市清洁生产工作对第一、第二、第三产业实现了全覆盖，成为推动产业优化升级、转变经济增长方式的有力政策工具。

近年来，北京市颁布实施的与清洁生产相关的政策要求见表 1-1。

表 1-1 与清洁生产相关的政策要求

政策名称	颁布时间	清洁生产相关要求
《北京市“十三五”时期环境保护和生态建设规划》	2016 年 12 月	(1)石化、汽车制造、机械电子等重点行业，开展强制性清洁生产审核，鼓励开展自愿性清洁生产审核； (2)到 2020 年，完成 400 家以上企业的清洁生产审核，其中强制性审核 150 家，实现节能降耗减排的全过程管理
《北京市“十三五”时期节能降耗及应对气候变化规划》	2016 年 8 月	(1)通过政府购买服务方式，开展能源审计、清洁生产审核、碳核查等工作，促进了节能低碳服务业发展； (2)全面推行清洁生产，完成规模以上工业企业清洁生产审核，扩大服务业清洁生产范围，积极探索大型公共建筑、公共机构和农业领域清洁生产，健全重点行业领域节能、降耗、减污、增效的长效机制；加强清洁生产工作统筹管理和协调推进，修订完善促进清洁生产的有关政策； (3)支持中央在京单位开展节能低碳技术改造，实施清洁生产项目
《北京市国民经济和社会发展第十三个五年规划纲要》	2016 年 3 月	(1)深入开展石化、喷涂、汽车修理、印刷等重点行业挥发性有机物治理，实施规模以上工业企业和大型服务企业清洁生产审核；开展餐饮油烟等低矮面源污染专项治理； (2)大力推行绿色设计和清洁生产，限制产品过度包装，减少生产、运输、消费全过程废弃物产生
《〈中国制造 2025〉北京行动纲要》	2015 年 12 月	加大推行清洁生产力度，制定重点产业技术改造指南，组织一批能效提升、清洁生产、资源循环利用等技术改造项目，推动企业向智能化、绿色化、高端化方向发展
《北京市清洁生产管理办法》	2013 年 11 月	明确清洁生产主管部门、工作主要环节、管理要求及资金支持办法

参考文献

[1] 汪波．清洁生产与循环经济的关系［J］．中国电力企业管理，2018（1）．

[2] 孟庆瑜，张思茵．京津冀清洁生产协同立法问题研究［J］．吉首大学学报：社会科学版，2017，

38（4）：32-40.

[3] 颉兔芳，彭小英．研究清洁生产对环保产业良性发展的促进作用［J］．时代报告，2017（16）：176.

[4] 张晓琦，王强，曾红云．清洁生产环境管理政策在中国的发展和存在问题研究［J］．环境科学与管理，2017（12）：191-194.

[5] 吴珉．我国工业清洁生产发展现状与对策研究［J］．低碳世界，2017（1）：4.

[6] 王龙迪．探讨清洁生产促进环保产业良性发展［J］．环境与发展，2017，29（7）：192-193.

[7] 朱怡曼．清洁生产在低碳经济中的战略地位与实践探析［J］．绿色环保建材，2017（2）：220-221.

[8] 周长波，李梓，刘菁钧，等．我国清洁生产发展现状、问题及对策［J］．环境保护，2016，10：27-32.

[9] 徐广英，张萍．清洁生产与可持续发展的必要性分析［J］．中国资源综合利用，2016，3：44-46.

[10] 李波，邱燕．清洁生产与循环经济的关系分析［J］．低碳世界，2016，21：11-12.

[11] 孙晓峰，李键，李晓鹏．中国清洁生产现状及发展趋势探析［J］．环境科学与管理，2010，11：185-188.

第2章 服务业清洁生产现状及发展趋势

2.1 服务业清洁生产的意义和目的

服务业在我国国民经济核算工作中视同为第三产业。其定义为除农业、工业之外的其他所有产业部门，包括批发和零售业，交通运输、仓储及邮政业，住宿和餐饮业，信息传输、软件和信息技术服务业，金融业，房地产业，租赁和商务服务业，科学研究和技术服务业，水利、环境和公共设施管理业，居民服务、修理和其他服务业，教育，卫生和社会工作，文化体育和娱乐业，公共管理、社会保障和社会组织。

近年来，随着我国城市经济的快速发展、人口的日益增长，服务业在国民生产总值中所占比值逐年增大。2015 年，我国全年国内生产总值 676708 亿元，比上年增长 6.9%。其中，第一产业增加值 60863 亿元，增长 3.9%；第二产业增加值 274278 亿元，增长 6.0%；第三产业增加值 341567 亿元，增长 8.3%。第一产业增加值占国内生产总值的比重为 9.0%，第二产业增加值比重为 40.5%，第三产业增加值比重为 50.5%，首次突破 50%（图 2-1）。

随着产业结构调整，一些城市服务业得以快速发展，部分城市服务业（第三产业）在国民生产总值中所占比例见表 2-1。

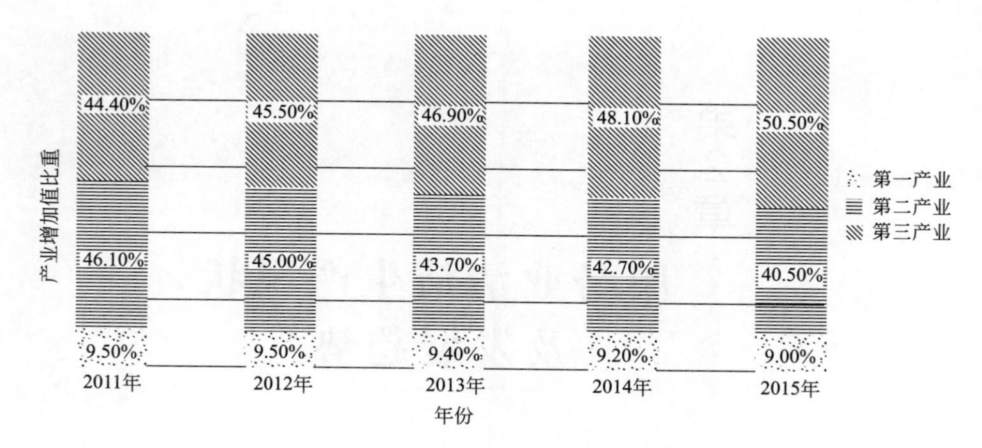

图 2-1　2011～2015 年 3 个产业增加值占国内生产总值比重

表 2-1　部分城市服务业（第三产业）在国民生产总值中所占比例

序号	城市名称	第三产业在国民经济总值中所占比例/%		序号	城市名称	第三产业在国民经济总值中所占比例/%	
		1995 年	2015 年			1995 年	2015 年
1	北京	52.5	79.80	6	杭州	38.1	58.20
2	上海	40.8	67.80	7	南京	41.9	57.30
3	广州	47.6	66.77	8	济南	37.9	57.20
4	西安	49.4	58.90	9	厦门	40.2	55.80
5	深圳	49.0	58.80	10	青岛	35.0	52.80

以北京为例，改革开放以来，北京的城市发展战略发生了根本的转变。城市经济内涵由单纯以工业为主导的经济形态逐渐向服务业转变，北京市的产业结构已基本完成从“工业主导”向“第三产业主导”的过渡。据统计，北京市第三产业比重由 1995 年的 52.5%上升到了 2015 年的 79.8%（图 2-2），领先全国平均水平 30 个百分点。根据《北京市国民经济和社会发展第十三个五年规划纲要》，到 2020 年，服务业比重将提高至 80%左右。服务业逐渐成为推动首都经济平稳、快速、高辐射发展的主要行业和驱动力。

与此同时，第三产业的发展也带动了资源能源消费量的持续增长。服务业的能耗、污染物排放呈现出较快增长态势，对经济增长的瓶颈效应日益凸显。

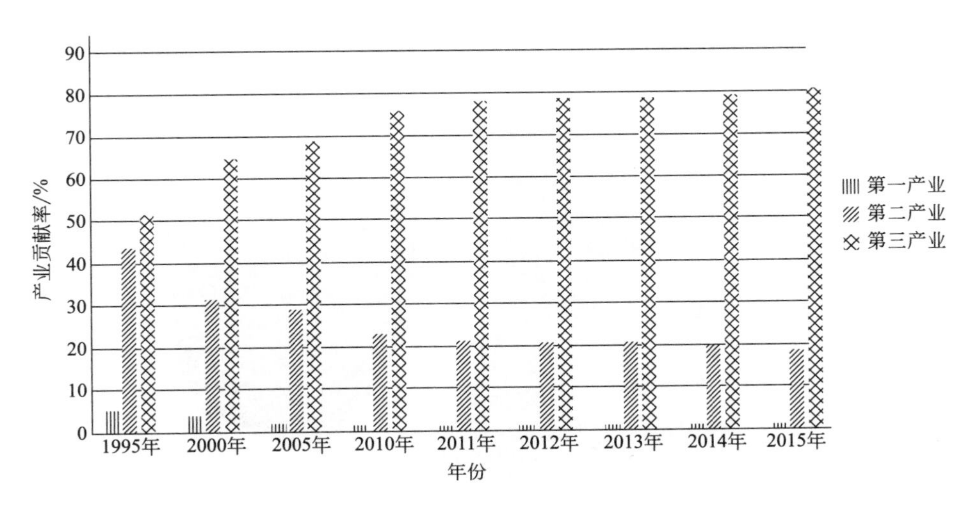

图 2-2 北京市第三产业增加值占地区生产总值的比例

以北京为例，“十二五”以来，服务业主导地位进一步巩固增强，由此带来的能源消费量继续保持较快增长，2015 年，全市能源消费量为 6850.7 万吨标准煤，全市规模以上工业能源消费量为 1564.7 万吨标准煤，第三产业能源消费量达到 3312.6 万吨标准煤，占全市能源消费比重达到 49%（图 2-3）。

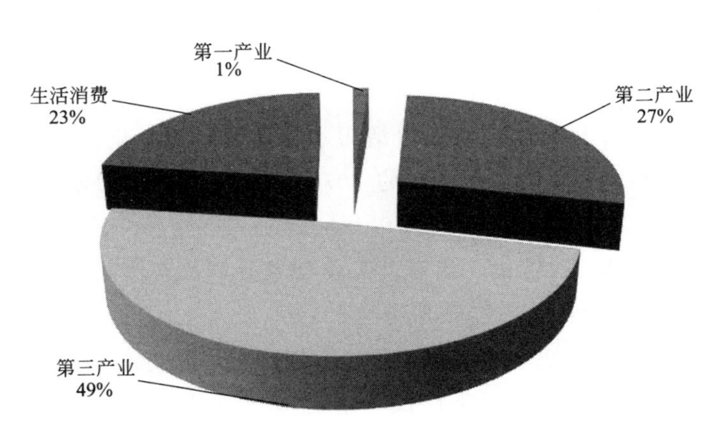

图 2-3 2015 年北京市分产业能耗比例图

2015 年北京市全年总用水量 38.2 亿立方米，比上年增加 1.89%。其中，生活用水 17.47 亿立方米，增长 2.90%；生态环境补水 10.43 亿立方米，增长 43.86%；工业用水 3.85 亿立方米，下降 24.37%；农业用水 6.45 亿立方米，下降 21.08%。总用水量比例见图 2-4。

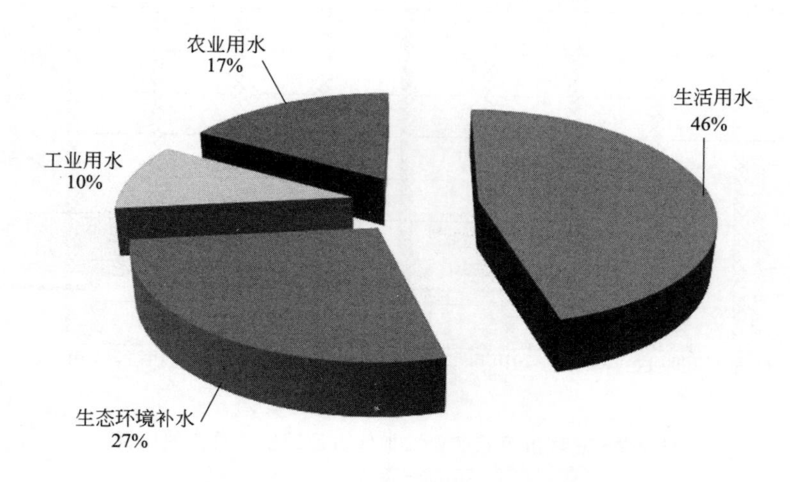

图 2-4　2015 年北京市总用水量比例

从地表水水质情况来看，北京市水资源短缺和城市下游河道水污染严重的局面未根本改变。全年共监测五大水系有水河流 94 条段，长 2274.6km，其中：Ⅱ类、Ⅲ类水质河长占监测总长度的 46.9%；Ⅳ类、Ⅴ类水质河长占监测总长度的 7.3%；劣Ⅴ类水质河长占监测总长度的 45.8%。主要污染指标为生化需氧量、化学需氧量和氨氮等，污染类型属有机污染型。五大水系水质类别长度百分比统计见图 2-5。

据统计，2015 年北京市城镇生活污水（含服务业）化学需氧量排放量 79396t，占排放总量（161536t）的 49.2%；城镇生活污水氨氮排放量 11564t，占排放总量（16491t）的 70.1%。服务业是有机污染型废水的主要来源。随着产业结构的优化，北京市工业与农业节水和废水减排空间有限，因此推行服务业清洁生产、挖掘服务业节水潜力，对于建立节水型社会、减少废水有机污染物排放、改善地表水水质具有重要作用。

目前，服务业的环境污染已成为继工业污染之后又一种不可忽视的环境污染方式，日益引起了公众和媒体的普遍关注。如果不从现在开始着手加以解决，将成为继农业和工业环境污染之后的又一生态危害，并有可能会成为制约现代服务业乃至整个国民经济可持续发展的重要因素。清洁生产作为污染预防与治理有力抓手，将对北京实现经济增

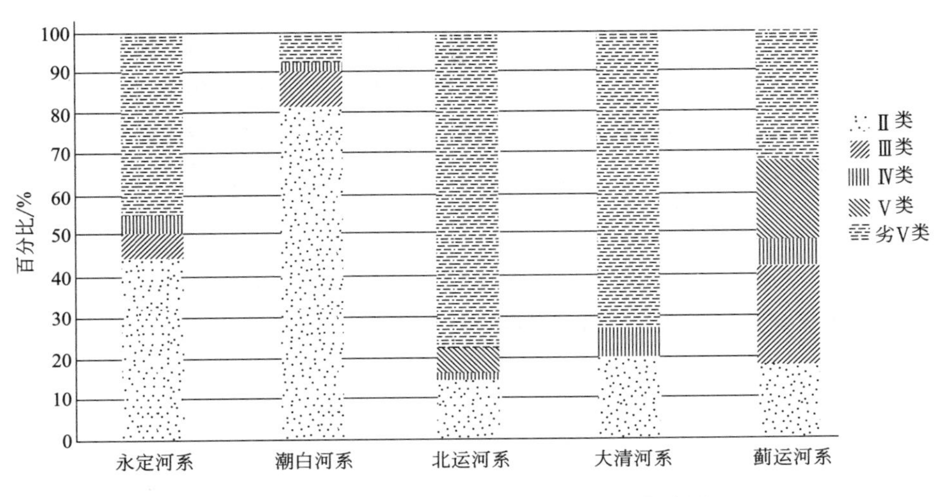

图 2-5　五大水系水质类别长度百分比统计图

长方式的转变、建设资源节约型和环境友好型城市起着重要的推动作用。

2.2　服务业清洁生产现状

北京市于 2007 年起逐步在服务业探索推行清洁生产，已在医疗机构、高等院校、住宿餐饮、商业零售等多个领域开展具体实践，积累了一定经验，取得了一定的成效。2012 年 10 月，国家发展改革委、财政部正式批复北京市为全国唯一的服务业清洁生产试点城市。同年，《北京市服务业清洁生产试点城市建设实施方案（2012—2015 年）》获得批复同意。2013 年 4 月 17 日，北京市组织召开节能降耗及应对气候变化电视电话会议，正式启动并部署了服务业清洁生产试点城市建设工作。目前已取得的工作成果如下。

(1) 完善政策法规标准

北京市颁布实施了《清洁生产评价指标体系住宿餐饮业》（DB11/T 1260—2015）等 10 个服务业清洁生产标准，用于指导相关行业企事业单位推行清洁生产，评价清洁生产水平。制定《北京市清洁生产管理办法》，鼓励服务业企事业单位推行清洁生产，实施清洁生产技术改造。

(2) 开展清洁生产审核

选择住宿餐饮、医疗机构、洗衣、商务楼宇、交通运输、高等院校、商业零售、沐浴、汽车维修及拆解、环境及公共设施管理10个行业为试点行业，采取自愿审核的方式，开展了数百家服务业企事业单位清洁生产审核。

(3) 实施清洁生产项目

在10个服务业试点行业，重点支持了余热回收、电机变频改造、厨余垃圾资源化利用、洗衣龙、中水回用等10余个清洁生产技术改造项目，建立了清洁生产示范项目，并逐步在相关行业推广清洁生产经验。

如今，北京市服务业清洁生产工作稳步推进，还存在一些尚需解决的问题。持续在服务业推行清洁生产，不仅需要国家政策导向和资金扶持，还需企业和公众积极自觉的参与，从而为北京服务业的绿色发展做出贡献。

2.3 服务业清洁生产前景

服务业的飞速发展带来了经济的增长和就业人口的增加，同时也加大了能源消耗和生态环境问题。服务业清洁生产是发展循环经济、推动绿色发展和建设“资源节约型、环境友好型社会”的重要手段。因此，服务业持续有效开展清洁生产势在必行。

未来，国家对服务业的发展将更加注重发展结构、质量和效益的有机协调。通过在全国推行服务业清洁生产工作，完善高能耗、高污染服务业行业和企业合理有序退出机制，建立服务业清洁发展模式。随着服务业清洁生产技术和管理需求的增加，也将积极促进节能环保、新材料、新能源等战略性新兴产业发展，加快向服务经济为主导、创新经济为特征的经济形态转变，推动经济和社会环境的同步提升。

目前，北京市已在全市范围内建立服务业清洁生产试点，并在不断的探索中总结提升。通过努力，北京市基本发展形成以物质高效循环利用为核心、全社会共同参与的服务业清洁生产发展示范区，形成了可向全国示范推广的服务业清洁生产促进体系。未来北京还将加大资金投入，加强科技创新，发挥企事业单位的清洁生产主体作用，从而更好地推动北京市清洁生产的建设工作。

参考文献

[1] 古圣钰，吴英伟．服务业发展、产业集聚与地区经济增长 [J]．合作经济与科技，2018 (4): 42-43.

[2] 张晓露．“互联网+”背景下政府促进现代服务业发展的路径研究 [J]．智富时代，2018 (1)．

[3] 李晓丹，于承迎．服务业清洁生产推广模式和实践 [J]．节能与环保，2018 (1)：56-59.

[4] 冯志诚，吴学信．企业清洁生产审核技术要点研究 [J]．资源节约与环保，2018 (2)：31，42.

[5] 周明生．京津冀服务业集聚与经济增长 [J]．经济与管理研究，2018 (1)：68-77.

[6] 李宵，申玉铭，邱灵．京津冀生产性服务业关联特征分析 [J]．地理科学进展，2018，37 (2)：299-307.

[7] 李冰．北京：探索服务业清洁生产模式 [M]．节能与环保，2017 (7)：44.

[8] 宋君伟．轻工行业工业清洁生产的推行研究 [J]．绿色环保建材，2017 (8)：232.

[9] 彭水军，曹毅，张文城．国外有关服务业发展的资源环境效应研究述评 [J]．国外社会科学，2015 (6)：25-33.

[10] 王小平，赵娜．工业绿色转型中环保服务业发展研究——以河北省为例 [J]．价格理论与实践，2015 (1)：106-108.

[11] 张京，王庆华，郭俊祥．美、日环保服务业发展借鉴 [J]．环境保护，2010 (21)：67-69.

[12] 汪琴．北京市第三产业清洁生产的必要性、现状和对策建议 [J]．北京化工大学学报（社会科学版），2010 (1)：32-36，43.

第3章 环境及公共设施管理行业概况及特点

3.1 环境及公共设施管理行业概况

环境及公共设施管理行业作为服务业的一部分，在清洁生产所涉及的各个方面都有可提升的空间。环境及公共设施管理行业的清洁生产对提高首都资源能源利用效率、减少污染排放、缓解资源能源约束和改善环境质量都有重要的意义。环境及公共设施管理行业推行清洁生产，可以有效带动节能环保新技术新产品的市场应用，带动传统产业的集约化、绿色化升级改造。本章部分数据和案例均来自北京市环境及公共设施管理行业的实地调研，从而直接地反映本行业的实际情况和需求。

3.1.1 污水处理厂

污水处理是采取物理、化学或生物的处理方法对污水进行净化的过程，从而使污水达到排入某一水体或再次使用的水质要求。污水处理是一种特殊的生产过程，因此清洁生产同样适用于污水处理系统。污水处理系统的清洁生产包括节约运营过程中使用的电能、热能和各种化学药剂，减少 CO_2 和 N_2O 等温室气体的排放，降低污泥产生的数量并提高污泥的无害化和资源化利用水平，进一步提高污水处理系统出水的水质等工作。污水处理系统运营过程中的能耗主要包括用于生物好氧反应的鼓风机电耗、污水提升和输送的水泵电耗、维持厌氧消化反应温度的蒸汽热能消耗等，物耗主要包括用于提高生物脱氮效果的外加碳源消耗、化学除磷的化学药剂消耗、污泥脱水的化学药剂消耗等。污水处理系统生产过程中产生的废物包括：有机物氧化后产生的 CO_2，硝化、反硝化过程中产生的 N_2O 等温室气体，一级处理中通过沉淀去除的初沉污泥和去除污染物过程中通过同化作用形成的剩余污泥等。

城镇污水处理厂是生产有形产品的特殊行业，实质上是以污水为生产对象，以处理后出水为产品的加工行业，在国民经济中发挥着极其重要的作用。尽管此行业一直以社会效益作为生产成果的衡量标准，但实际上也创造了有形的社会财富。当前我国城镇污水处理行业在清洁生产方面存在诸多尚需努力的空间。首先，我国 20 世纪 90 年代以前建设的城镇污水处理厂大部分采用普通曝气法活性污泥处理工艺，由于该工艺以去除 COD_{Cr} 为主要目标，对氮、磷的去除率非常低，随着我国对水环境质量要求的提高，新的排放标准也越来越严，特别是对出水氮、磷的要求提高，使得已建、新建的城镇污水处理厂必须考虑氮、磷的去除问题，否则不能达标排放。其次，我国传统污水处理工艺以能消能，消耗大量有机碳源，剩余污泥产量大，同时释放较多 CO_2 到大气中。因此，研发和应用以节省能（资）源消耗并最大程度回收（用）有用能（资）源的可持续清洁污水处理工艺已势在必行。最后，随着经济建设和城市化的快速发展，城市污水排放量增长很快。截至 2016 年 9 月底，我国已有 3976 座污水处理厂，污水处理能力达到 $1.7\times10^8m^3/d$，但污水再生利用产业在我国尚处于发展阶段，污水回用率较低，提高污水回用率也是清洁生产的重要课题。所以在污水处理行业实施清洁生产是非常必要的，通过清洁生产审核，大幅度提升该行业的清洁水平。

3.1.2　生活垃圾处理厂

生活垃圾是指日常生活或者为日常生活提供服务的活动所产生的固体废物。在城市化进程中，生活垃圾作为城市代谢的产物，是城市发展的副产品，如果处理不当就会出现垃圾围城的局面，严重影响居民的生活、制约城市的发展。生活垃圾处理遵循减量化、无害化、资源化、节约资金、节约土地和居民满意等准则，因地制宜，综合处理，逐级减量。

目前，垃圾处理的方式有填埋、焚烧和堆肥等技术，随着垃圾焚烧项目的不断建设，生活垃圾焚烧处理率正在逐步上升。垃圾处理过程需要消耗能源、水、原辅材料等，需要配备的环保措施消耗化学、物理、生物等原辅材料。垃圾处理过程排放废气、废水、残渣等废物，其中含有毒有害物质、细菌、病毒，如果不加以处理直接排放或处理不当将会污染周边大气、水体和土壤环境。现有的垃圾处理企业积极进行环境治理，建设了污水处理厂和废气、恶臭处理设备设施，但是随着城市化进程的推进，垃圾量的增加和环境要求的提高将给垃圾处理行业带来更高的要求。

对于垃圾处理厂来说，存在填埋气体和渗滤液的排放，部分垃圾填埋场由于设计、施工考虑不周全等，普遍存在填埋气体的收集、利用率不高的问题，致使填埋气体直接排放对环境造成影响；部分填埋场渗滤液的收集、处理系统不完善，渗滤液的处理单元能耗高，浓缩液的处理还不能完全解决。清洁生产通过能源、资源、环境管理等各方面的审核，可以有效帮助生活垃圾处理厂解决上述问题。

3.1.3 公园景区

公园景区是以环境资源或一定的景观、娱乐设施为主体，开展参观、旅游、娱乐休闲、康乐健身、科学考察、文化教育等活动和服务的场所和设施。

公园景区作为服务业中的重要一环，开展清洁生产具有如下重要意义。

1）公园景区推行清洁生产是降低经营成本的需要　清洁生产努力寻找现有状态下的清洁生产方案，并通过运用最节约的清洁生产技术改善对环境的影响，这必将给公园景区带来显著的经济效益。

2）公园景区推行清洁生产是适应游览者绿色消费需求的需要　人类的消费需求包括量的满足、质的满足、情感的满足、生态的满足。推行清洁生产、改善公园景区环境正是迎合了生态满足的市场消费需求。

3）公园景区推行清洁生产是提高公园景区经营管理水平的需要　公园景区在推行清洁生产的过程中，必须进行自身的系统化、规范化、程序化的管理，包括清洁的生产意识、清洁的能源、清洁的服务和清洁的产品等。

4）公园景区推行清洁生产是增强游览产品国际竞争力的需要 公园景区通过推行清洁生产提高环境质量，同时提高环境管理水平，获得ISO 14000的认证，就相当于获得了一张国际的绿色通行证。

5）公园景区推行清洁生产是促进我国公园景区可持续发展的需要 清洁生产试图通过实行对全过程控制和产品整个生命周期的管理，全面预防所有对环境的消极影响；通过对各种资源的严格管理，使人们保持文化的完整性、保持良好的生态环境和生物的多样性，使经济、社会和美学有机结合，从而在保持和增强未来发展机会的同时，满足游客和当地居民的需求，最终实现公园景区可持续发展的目标。

现阶段，北京市城镇污水处理厂、生活垃圾处理厂和公园景区的清洁生产主要是随着北京市服务业清洁生产审核试点城市的要求而开展，前期推进工作较少。城镇污水处理厂中有卢沟桥污水处理厂、北小河污水处理厂通过清洁生产审核验收，公园景区中北京动物园通过验收，均取得了较好的成效。

3.2 环境及公共设施管理行业典型服务流程

3.2.1 污水处理厂

3.2.1.1 污水处理厂典型服务流程

城镇污水处理厂接纳的污水来源于城市居民生活中产生的生活污水、工业企业在生产制造过程中产生的生产废水。城市居民生活污水含有较高的有机物，如淀粉、蛋白质、油脂等，以及氮、磷等无机物，此外还含有病原微生物和较多的悬浮物。工业企业生产废水包括生产工艺废水、冲洗废水以及综合废水，不同行业产生的废水水质也不同，主要污染物包括耗氧有机物、难降解有机物、重金属等。

生活污水和生产废水通过排水管道系统收集，输送到城镇污水处理厂，经物理、化学和生物处理方法，将主要污染物质去除或转化为无害的物质，达到相关标准排放或再利用。城镇污水处理厂典型工艺流程见图 3-1。

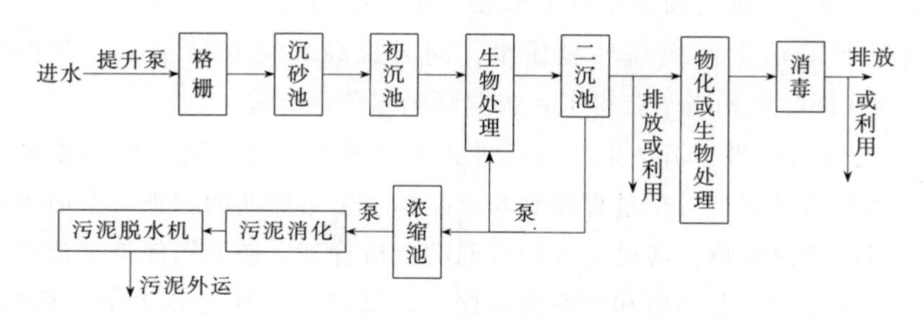

图 3-1　城镇污水处理厂典型工艺流程

通过市政管网收集来的污水经粗格栅和细格栅，将大颗粒物质拦截下来，出水进入沉砂池，将密度较大的无机颗粒沉淀并排除，格栅和沉砂池常作为城镇污水处理厂的预处理系统。沉砂池出水先后进入初沉池和生物反应池，以生物处理技术为主体，通过微生物的生命活动等去除溶解性有机物及氮、磷等营养盐，大幅去除污水中呈胶体和溶解性的有机污染物，BOD_5 去除率达 85%～95%。目前常用的处理技术包括 AB 法、A^2/O、A/O、氧化沟、SBR、CASS 等。生物处理单元出水进入二沉池，进行泥水分离，澄清混合液，浓缩和回流活性污泥。二沉池出水排放或进入后续处理单元进行深度处理后达到相应的标准回用。二沉池产生的剩余污泥经浓缩池浓缩，再经污泥脱水机脱水后进行后续处理处置。

再生水厂多在污水处理厂流程基础上建设，多段集成工艺应用较多，其单元工艺包括生物滤池、砂滤池、滤布滤池等过滤技术，MBR、MF、UF、RO 等膜技术，絮凝沉淀等物理化学方法，O_3、H_2O_2 等高级氧化技术。

3.2.1.2　污水处理厂典型处理工艺

（1）A/O 工艺

A/O 是 anoxic/oxic 的缩写，即缺氧/好氧生化处理法，是国外 20 世纪 70 年代末开发出来的一种污水处理技术工艺。它的优越性是除了使有机污染物得到降解之外，还具有一定的脱氮除磷功能，是将厌氧水解技术用为活性污泥的前处理，所以 A/O 法是改进的活性污泥法。

A/O 工艺将前段缺氧段和后段好氧段串联在一起，A 段 DO≤0.2mg/L，O 段 DO=2～4mg/L。A 段池又称为缺氧池或水解池，水解机理从化学角度来说，即大多数化合物在一定条件下与水接触都会发生水解反应，水解反应可使共价键发生变化和断裂，即化合物在分子结构和形态上发生了变化。生物水解是靠生物酶的催化作用而加速反应的，在有酶条件下的催化反应速率要比无酶条件下高出 10^8～10^{11} 倍。生物水解就是指复杂的有机物分子经加水在缺氧条件下，由于水解酶的参与被分解成简单的化合物的反应。生物水解反应实际上包括了水解和酸化两个过程，酸化可使有机物降解为有机酸。在缺氧段，异养菌将污水中的淀粉、纤维、碳水化合物等悬浮污染物和可溶性有机物水解为有机酸，使大分子有机物分解为小分子有机物，不溶性的有机物转化成可溶性有机物。

另外，A/O 工艺还有很好的脱氮功能。当这些经缺氧水解的产物进入好氧池进行好氧处理时，可提高污水的可生化性及氧的效率；在缺氧段，异养菌将蛋白质、脂肪等污染物进行氨化（有机链上的 N 或氨基酸中的氨基）游离出氨（NH_3、NH_4^+），在充足供氧条件下，污水中的有机物和还原性物质被好氧微生物氧化分解，有机氮通过氨化作用和硝化作用转化为硝态氮，硝态氮通过污泥回流进入缺氧段，污水经缺氧段时，活性污泥中的反硝化细菌利用硝态氮和污水中的有机物进行反硝化作用，使硝态氮转化为分子态氮逸进空气中而得到有效去除，达到同时去除有机物和脱氮的效果。

（2）A^2/O 工艺

A^2/O 法又称 AAO 法，是英文 anaerobic-anoxic-oxic 第一个字母的简称（厌氧-缺氧-好氧法），是一种常用的二级污水处理工艺，可用于二级污水处理或三级污水处理以及中水回用，具有良好的脱氮除磷效果。其工艺流程见图 3-2。

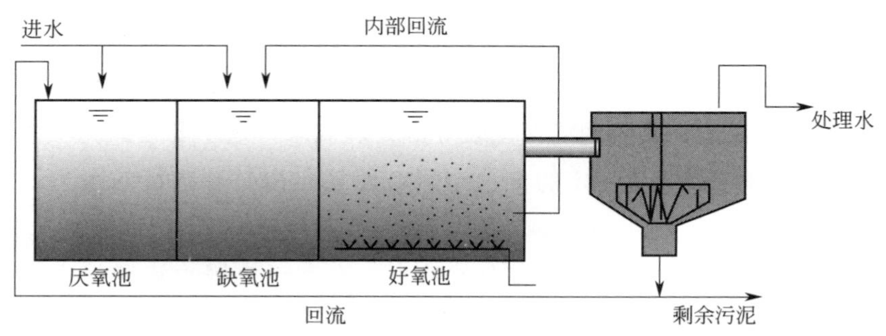

图 3-2　A^2/O 工艺流程

1）厌氧池　污水与从沉淀池排出的含磷回流污泥先进入厌氧池完全混合，经一定时间的厌氧分解，去除部分 BOD_5，使部分含氮化合物转化成 N_2（反硝化作用）而释放，回流污泥中的聚磷微生物（聚磷菌等）释放出磷，满足细菌对磷的需求。

2）缺氧池　首要功能是脱氮，硝态氮是通过内循环由好氧反应器送来的，循环的混合液量较大，一般为 $2Q$（Q 为原污水流量）。

3）好氧池　即曝气池，这一反应单元是多功能的，去除 BOD、硝化和吸收磷等均在此处进行。流量为 $2Q$ 的混合液从这里回流到缺氧池。

4）沉淀池　功能是泥水分离，污泥一部分回流至厌氧池，上清液作为处理水排放。

（3）氧化沟工艺

氧化沟又名氧化渠，因其构筑物呈封闭的环形沟渠而得名。氧化沟一般由沟体、曝气设备、进出水装置、导流和混合设备组成，沟体的平面形状一般呈环形，也可以是长方形、L 形、圆形或其他形状，沟端面形状多为矩形和梯形。它是在传统活性污泥法的基础上发展起来的连续循环完全混合工艺。因为污水和活性污泥在曝气渠道中不断循环流动，因此有人称其为“循环曝气池”“无终端曝气池”。氧化沟的水力停留时间长、有机负荷低，其本质上属于延时曝气系统。

氧化沟利用连续环式反应池（continuous loop reactor，CLR）作为生物反应池，混合液在该反应池中一条闭合曝气渠道进行连续循环，氧化沟通常在延时曝气条件下使用。氧化沟使用一种带方向控制的曝气和搅动装置，向反应池中的物质传递水平速度，从而使被搅动的液体在闭合式渠道中循环。

氧化沟法由于具有较长的水力停留时间、较低的有机负荷和较长的污泥龄，因此相比传统活性污泥法可以省略调节池、初沉池、污泥消化池，有的还可以省略二沉池。氧化沟能保证较好的处理效果，这主要是因为巧妙结合了 CLR 形式和曝气装置特定的定位布置，使氧化沟具有独特的水力学特征和工作特性。

① 氧化沟结合推流和完全混合的特点，有利于克服短流和提高缓冲能力，通常在氧化沟曝气区上游安排入流，在入流点的再上游点安排出流。入流通过曝气区在循环中很好地被混合和分散，混合液再次围绕 CLR 继续循

环。这样，氧化沟在短期内（如一个循环）呈推流状态，而在长期内（如多次循环）又呈混合状态。这两者的结合，既使入流至少经历一个循环而杜绝短流，又可以提供很大的稀释倍数从而提高了缓冲能力。同时为了防止污泥沉积，必须保证沟内足够的流速（一般平均流速大于 0.3m/s），而污水在沟内的停留时间又较长，这就要求沟内有较大的循环流量（一般是污水进水流量的数倍乃至数十倍），进入沟内的污水立即被大量的循环液所混合稀释，因此氧化沟系统具有很强的耐冲击负荷能力，对不易降解的有机物也有较好的处理能力。

② 氧化沟具有明显的溶解氧浓度梯度，特别适用于硝化-反硝化生物处理工艺。氧化沟从整体上说又是完全混合的，而液体流动却保持着推流前进，其曝气装置是定位的，因此，混合液在曝气区内溶解氧浓度是上游高，然后沿沟长逐步下降，出现明显的浓度梯度，到下游区溶解氧浓度就很低，基本上处于缺氧状态。氧化沟设计可按要求安排好氧区和缺氧区实现硝化-反硝化工艺，不仅可以利用硝酸盐补充反应过程中缺少的氧，而且可以通过反硝化补充硝化过程中消耗的碱度，从而有利于节省能耗和减少甚至免去硝化过程中需要投加的化学药品。

③ 氧化沟沟内功率密度的不均匀配备有利于氧的传质、液体混合和污泥絮凝。

④ 氧化沟的整体功率密度较低，可节约能源。氧化沟的混合液一旦被加速到沟中的平均流速，对于维持循环仅需克服沿程和弯道的水头损失，因而氧化沟可比其他系统以低得多的整体功率密度来维持混合液流动和活性污泥悬浮状态。据国外的一些报道，氧化沟比常规的活性污泥法能耗降低 20%～30%。

⑤ 污泥龄长，有利于硝化菌的繁殖，在氧化沟内可产生硝化反应；污泥产率低，且多已达到稳定的程度，不需要再进行硝化处理，可直接进行浓缩脱水。

⑥ 如采用一体式氧化沟，可不单独设二沉池，使氧化沟与二沉池合建。中间的沟渠连续作为曝气池，两侧的沟渠交替作为曝气池和二沉池，污泥自动回流，节省了二沉池与污泥回流系统的费用。

据统计资料显示，与其他污水生物处理方法相比，氧化沟具有处理流程简单，操作管理方便；出水水质好，工艺可靠性强；基建投资省，运行费用低等特点。

传统氧化沟的脱氮，主要是利用沟内溶解氧分布的不均匀性，通过合理的设计，使沟中产生交替循环的好氧区和缺氧区，从而达到脱氮的目的。其最大的优点是在不外加碳源的情况下在同一沟中实现有机物和总氮的去除，因此是非常经济的。但对同一沟中好氧区与缺氧区各自的体积和溶解氧浓度很难准确地加以控制，因此对除氮的效果是有限的，而对除磷几乎不起作用。另外，在传统的单沟式氧化沟中，微生物在好氧-缺氧-好氧短暂的经常性的环境变化中使硝化菌和反硝化菌群并非总是处于最佳的生长代谢环境中，因此也影响单位体积构筑物的处理能力。

随着氧化沟工艺的发展，目前在工程应用中比较有代表性的形式有：多沟交替式氧化沟（如三沟式、五沟式）及其改进型、卡鲁塞尔氧化沟及其改进型、奥贝尔（Orbal）氧化沟及其改进型、一体化氧化沟等，它们都具有一定的脱氮除磷能力。

（4）SBR 工艺

SBR 污水处理工艺即序批式活性污泥法，全称为序列间歇式活性污泥法（sequencing batch reactor activated sludge process），简称间歇式活性污泥法污水处理工艺（sequencing batch reactor，SBR）。它是基于以悬浮生长的微生物在好氧条件下对污水中的有机物、氨氮等污染物进行降解的废水生物处理活性污泥法的工艺。按时序来以间歇曝气方式运行，改变活性污泥的生长环境，是被全球广泛认同和采用的污水处理技术。

一种具有代表性的 SBR 工艺流程是：通过格栅预处理的废水，进入集水井，由潜污泵提升进入 SBR 反应池，采用水流曝气机充氧，处理后的水由排水管排出，剩余污泥静置沉淀后，由 SBR 池排入污泥井。

与传统污水处理工艺不同，SBR 技术采用时间分割的操作方式替代空间分割的操作方式，非稳定生化反应替代稳态生化反应，静置理想沉淀替代传统的动态沉淀。它的主要特征是在运行上有序和间歇操作，SBR 技术的核心是 SBR 反应池，该池集均化、初沉、生物降解、二沉等功能于一池，无污泥回流系统。

1）SBR 工艺形式　SBR 工艺形式如下。

① 间歇式循环延时曝气活性污泥法（intermittent cyclic extended system，ICEAS）是在 1968 年由澳大利亚新威尔士大学与美国 ABJ 公司合作

开发的。1976 年世界上第一座 ICEAS 工艺污水处理厂投产运行。ICEAS 与传统 SBR 相比，最大的特点是：在反应器进水端设一个预反应区，整个处理过程连续进水，间歇排水，无明显的反应阶段和闲置阶段，因此处理费用比传统 SBR 低。由于全过程连续进水，沉淀阶段泥水分离差，限制了进水量。

② 好氧间歇曝气系统（demand aeration tank-intermittent aeration tank，DAT-IAT）是由天津市政工程设计研究院提出的一种 SBR 新工艺。主体构筑物是由需氧池 DAT 池和间歇曝气池 IAT 池组成，DAT 池连续进水连续曝气，其出水从中间墙进入 IAT 池，IAT 池连续进水间歇排水。同时，IAT 池污泥回流到 DAT 池。它具有抗冲击能力强的特点，并有除磷脱氮功能。

③ 循环式活性污泥法（cyclic activated sludge system，CASS）是 Gotonszy 教授在 ICEAS 工艺的基础上开发出来的，是 SBR 工艺的一种新形式。将 ICEAS 的预反应区用容积更小、设计更加合理优化的生物选择器代替。通常 CASS 池分三个反应区（生物选择器、缺氧区和好氧区），容积比一般为 1∶5∶30。整个过程间歇运行，进水同时曝气并污泥回流。该处理系统具有除磷脱氮功能。

④ Unitank 单元水池活性污泥处理系统是比利时 SEGHERS 公司提出的，它是 SBR 工艺的又一种变形。它集合了 SBR 工艺和氧化沟工艺的特点，一体化设计使整个系统连续进水、出水，而单个池子相对为间歇进水、排水。此系统可以灵活地进行时间和空间控制，适当地增大水力停留时间，可以实现污水的脱氮除磷。

⑤ 改良式序列间歇反应器（modified sequencing batch reactor，MSBR）是 Yang 等根据 SBR 的技术特点，结合 A^2/O 工艺，研究开发的一种更为理想的污水处理系统。采用单池多方格方式，在恒定水位下连续运行。通常 MSBR 池分为主曝气池、序批池 1、序批池 2、厌氧池 A、厌氧池 B、缺氧池、泥水分离池。

每个周期分为 6 个时段，每 3 个时段为一个半周期。半周期的运行状况包括：污水首先进入厌氧池 A 脱氮，再进入厌氧池 B 除磷，进入主曝气池好氧处理，然后进入序批池，两个序批池交替运行（缺氧—好氧/沉淀—出水），脱氮除磷能力更强。

⑥ SBR 工艺与调节、水解酸化工艺的结合。SBR 工艺采用间歇进水、

间歇排水的方式，有一定的调节功能，可以在一定程度上起到均衡水质、水量的作用。通过供气系统、搅拌系统的设计，自动控制方式的设计，闲置期时间的选择，可以将SBR工艺与调节、水解酸化工艺结合起来，使三者合建在一起，从而节约投资与运行管理费用。

2）SBR的应用　SBR适用于如下情况。

① 中小城镇生活污水和厂矿企业的工业废水，尤其是间歇排放和流量变化较大的地方。

② 需要较高出水水质的地方，如风景游览区、湖泊和港湾等，不但要去除有机物，还要求出水除磷脱氮，防止河湖富营养化。

③ 水资源紧缺的地方。SBR系统可在生物处理后进行物化处理，不需要增加设施，便于水的回收利用。

④ 用地紧张的地方。

⑤ 对已建连续流污水处理厂的改造。

⑥ 非常适合处理小水量、间歇排放的工业废水与分散点源污染的治理等。

（5）CASS工艺

CASS工艺是在间歇式活性污泥法（SBR法）的基础上演变而来的，是周期循环活性污泥法的简称。它是在CASS反应池前部设置了生物选择区，后部设置了可升降的自动滗水装置。其工作过程可分为曝气、沉淀和排水三个阶段，周期循环进行。污水连续进入预反应区，经过隔墙底部进入主反应区，在保证供氧的条件下使有机物被池中的微生物降解。根据进水水质可对运行参数进行调整。

CASS工艺分预反应区和主反应区。在预反应区内，微生物能通过酶的快速转移机理迅速吸附污水中大部分可溶性有机物，经历一个高负荷的基质快速积累过程，这对进水水质、水量、pH值和有毒有害物质起到较好的缓冲作用，同时对丝状菌的生长起到抑制作用，可有效防止污泥膨胀；随后在主反应区经历一个较低负荷的基质降解过程。CASS工艺集反应、沉淀、排水功能于一体，污染物的降解在时间上是一个推流过程，而微生物则处于好氧、缺氧、厌氧的周期性变化之中，从而达到对污染物去除的作用，同时还具有较好的脱氮除磷功能。CASS工艺已成功应用于生活污水、食品废水、制药废水的治理，并取得了良好的处理效果。

CASS 工艺污水处理流程见图 3-3。

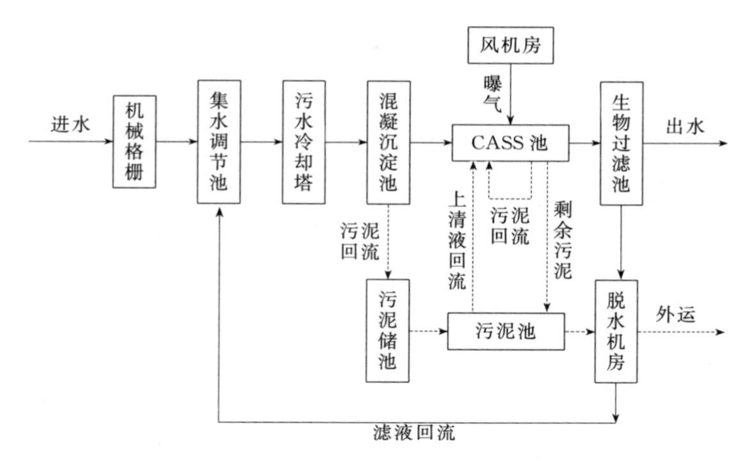

图 3-3　CASS 工艺污水处理流程

CASS 主要优点如下。

1）工艺流程简单，占地面积小，投资较低　CASS 的核心构筑物为反应池，没有二沉池及污泥回流设备，一般情况下不设调节池及初沉池。因此，污水处理设施布置紧凑、占地省、投资低。

2）生化反应推动力大　CASS 工艺从污染物的降解过程来看，当污水以相对较低的水量连续进入 CASS 池时即被混合液稀释，因此，从空间上看 CASS 工艺属变体积的完全混合式活性污泥法范畴；而从 CASS 工艺开始曝气到排水结束整个周期来看，基质浓度由高到低，浓度梯度从高到低，基质利用速率由大到小，因此，CASS 工艺属理想的时间顺序上的推流式反应器，生化反应推动力较大。

3）沉淀效果好　CASS 工艺在沉淀阶段，几乎整个反应池均起沉淀作用，沉淀阶段的表面负荷比普通二次沉淀池小得多，虽有进水的干扰，但其影响很小，沉淀效果较好。实践证明，当冬季温度较低，污泥沉降性能差时，或在处理一些特种工业废水污泥凝聚性能差时，均不会影响 CASS 工艺的正常运行。实验和工程中曾遇到 SV_{30} 高达 96%的情况，只要将沉淀阶段的时间稍作延长，系统运行几乎不受影响。

4）运行灵活，抗冲击能力强　CASS 工艺在设计时考虑了流量变化的因素，能确保污水在系统内停留预定的处理时间后经沉淀排放，特别是 CASS 工艺可以通过调节运行周期来适应进水量和水质的变化。当进水浓度较高时，也可通过延长曝气时间实现达标排放，达到抗冲击负荷的目的。在暴雨时，可经受平均流量6倍的高峰流量冲击而不需要独立的调节池。多年运行资料表明，在流量冲击和有机负荷冲击超过设计值2～3倍时，处理效果仍然令人满意。而传统处理工艺虽然已设有辅助的流量平衡调节设施，但很可能还会因水力负荷变化导致活性污泥流失，严重影响排水质量。

当强化脱氮除磷功能时，CASS工艺可通过调整工作周期及控制反应池的溶解氧水平，提高脱氮除磷的效果。所以，通过运行方式的调整，可以满足不同处理水质的要求。

5）不易发生污泥膨胀　污泥膨胀是活性污泥法运行过程中常遇到的问题，由于污泥沉降性能差，污泥与水无法在二沉池进行有效分离，造成污泥流失，使出水水质变差，严重时使污水处理厂无法运行，而控制并消除污泥膨胀需要一定时间，具有滞后性。因此，选择不易发生污泥膨胀的污水处理工艺是污水处理厂设计中必须考虑的问题。

由于丝状菌的比表面积比菌胶团大，因此有利于摄取低浓度底物，但一般丝状菌的比增殖速率比非丝状菌小，在高底物浓度下菌胶团和丝状菌都以较大速率降解底物与增殖，但由于菌胶团细菌比增殖速率较大，其增殖量也较大，从而较丝状菌占优势。而CASS反应池中存在着较大的浓度梯度，而且处于缺氧、好氧交替变化之中，这样的环境条件可选择性地培养出菌胶团细菌，使其成为曝气池中的优势菌属，有效地抑制丝状菌的生长和繁殖，克服污泥膨胀，从而提高系统运行的稳定性。

6）适用范围广，适合分期建设　CASS工艺可应用于大型、中型及小型污水处理工程，比SBR工艺适用范围更广泛；连续进水的设计和运行方式，一方面便于与前处理构筑物相匹配，另一方面控制系统比SBR工艺更简单。

对大型污水处理厂而言，CASS反应池设计成多池模块组合式，单池可独立运行。当处理水量小于设计值时，可以在反应的低水位运行或投入部分反应池运行等多种灵活操作方式。由于CASS系统的主要核心构筑物是CASS反应池，如果处理水量增加，超过设计水量，不能满足处理要求时，可同样复制CASS反应池。因此，CASS法污水处理厂的建设可随企业的发展而发展，它的阶段建造和扩建较传统活性污泥法简单得多。

7）剩余污泥量小，性质稳定　传统活性污泥法的泥龄仅2～7天，而CASS法泥龄为25～30天，所以污泥稳定性好，脱水性能佳，产生的剩余污泥少。每去除 1.0kg BOD_5 产生 0.2～0.3kg 剩余污泥，仅为传统法的60%左右。由于污泥在 CASS 反应池中已得到一定程度的消化，所以剩余污泥的耗氧速率（按每克 MLSS 计）只有 10mg/(g·h) 以下，一般不需要再经稳定化处理，可直接脱水。而传统法剩余污泥不稳定，沉降性差，耗氧速率（按每克 MLSS 计）大于 20mg/(g·h)，必须经稳定化后才能处置。

3.2.2　垃圾处理厂典型服务流程

3.2.2.1　生活垃圾处理流程

北京市共有垃圾楼 2000 多座，目前大多数垃圾楼尚不具备分类收集功能。目前，北京市在运行的 9 座生活垃圾转运站中马家楼转运站、小武基转运站和丰台转运站具备分选功能，其余 6 座转运站仅对垃圾进行压缩装箱，大约 50%的生活垃圾经分选处理。图 3-4 是北京市生活垃圾收运过程示意图。

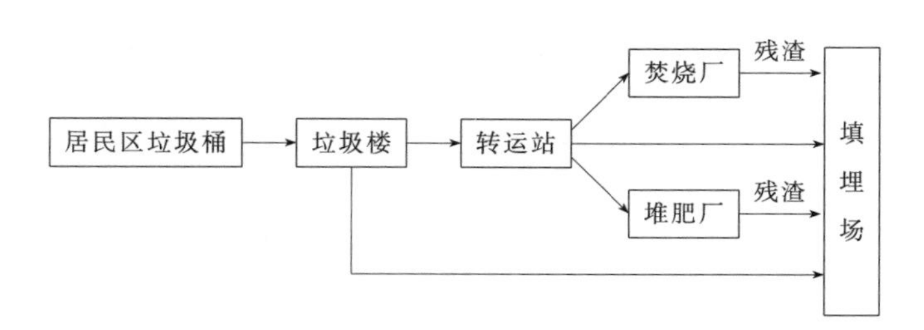

图 3-4　北京市生活垃圾收运过程示意

2015 年北京市生活垃圾清运量为 790.3 万吨，其中垃圾无害化处理量为 622.4 万吨，垃圾经焚烧处理量为 209.4 万吨，占垃圾无害化处理量的 33.6%；经卫生填埋处理量为 325.8 万吨，占垃圾无害化处理量的 52.3%。焚烧炉渣和堆肥残渣最终经填埋处理。

3.2.2.2　生活垃圾填埋场处理流程

北京市生活垃圾的填埋方式主要是卫生填埋，其特点是对生活垃圾填埋场底部进行防渗处理，防止垃圾渗滤液污染垃圾填埋场周边的土地及水体，对垃圾堆体产生的渗滤液进行有组织收集，大多数填埋场已经具备处理本厂产生的渗滤液的能力，污水处理后在填埋场内循环使用，对外排放量很少。2008年，北京市首次提出生活垃圾填埋场全密闭化作业的理念，逐步在北京市几座大型填埋场推广实施，有力地控制了垃圾堆体产生的臭气，实现了填埋气有组织收集处理，为填埋场的环境治理、填埋气资源化做出了巨大的贡献。生活垃圾填埋场全密闭化的特点是垃圾堆体的非作业面采用高密度聚乙烯膜覆盖密闭，采用负压收集填埋气，所收集气体经处理后排放。

垃圾填埋技术主要包括4部分内容：a. 填埋坑底防渗层的建设；b. 生活垃圾填埋作业和生活垃圾堆体建设；c. 渗滤液收集处理系统；d. 填埋气收集处理系统。填埋场的技术水平主要体现在填埋技术、渗滤液收集处理技术和填埋气收集处理技术3个方面。

生活垃圾填埋典型工艺过程见图3-5。填埋场的主要环节有填埋作业、渗滤液收集处理、填埋气收集处理3部分，还包括垃圾进场计量、倾倒、除臭等辅助环节。

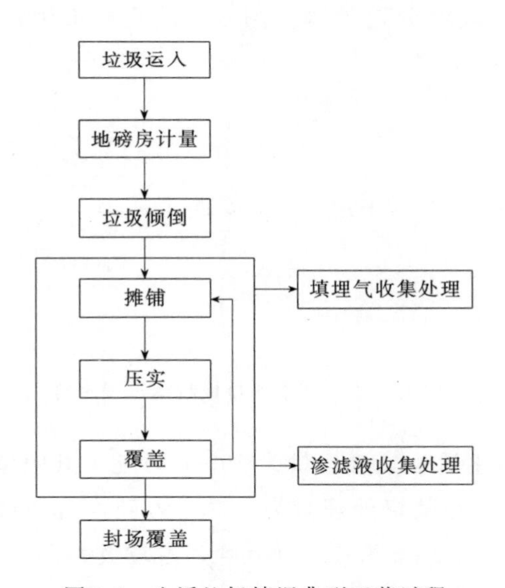

图3-5　生活垃圾填埋典型工艺过程

3.2.2.3　生活垃圾焚烧处理流程

采用焚烧技术对生活垃圾进行焚烧处理，减容、减量及无害化程度都很高，焚烧过程产生的热量用来发电可以实现垃圾的能源化处理，是一种较好的垃圾处理方法，但对焚烧条件控制不当会存在烟气污染问题。目前通过控制炉内燃烧温度和停留时间改进了焚烧系统工艺，同时强化多种烟气处理手段联合应用，已经较好地解决了烟气污染问题。

垃圾焚烧技术主要包括6部分：a. 垃圾前处理；b. 焚烧炉作业；c. 烟气处理系统；d. 炉渣处理系统；e. 余热利用锅炉；f. 发电机组系统。焚烧炉的技术水平主要体现在焚烧炉内温度和停留时间的控制以及烟尘治理水平，目前北京市要求炉内温度必须大于800℃，停留时间必须大于3s，烟尘经处理后达标排放。焚烧厂的渗滤液经处理后在厂区内循环利用，基本没有外排。焚烧炉的烟尘经过脱酸、除尘、重金属和二噁英吸附后高空排放。

生活垃圾焚烧厂的典型工艺流程见图3-6。

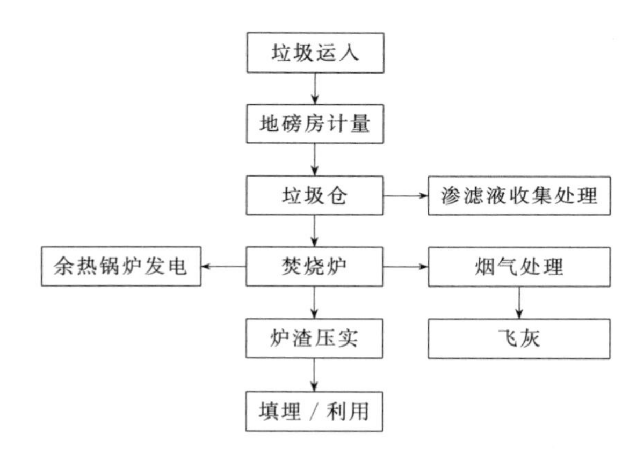

图3-6　生活垃圾焚烧厂的典型工艺流程

3.2.2.4　生活垃圾生化处理流程

生活垃圾生化处理主要包括生活垃圾堆肥和餐厨垃圾处理两种处理方式。堆肥技术的工艺比较成熟，适合于处理易腐有机质含量较高的垃圾。堆肥技术就是通过高温有氧发酵促使有机物快速降解为腐殖质的生化处理方法，所产生的腐殖质可以用于农业、林业的有机肥料，实现垃圾资源化。就北京市生活垃圾的具体情况来看，生活垃圾中的易腐有机物含量较高，占垃圾质量的50%左右，采用堆肥技术可以达到比较好的处理效果。

好氧高温堆肥技术主要包括5个环节：a. 垃圾布料作业；b. 好氧熟化发酵控制；c. 堆肥半成品传送；d. 后熟化发酵；e. 出品/出渣。

生活垃圾堆肥厂的典型工艺流程见图3-7。餐厨垃圾厌氧处理典型工艺流程见图 3-8。

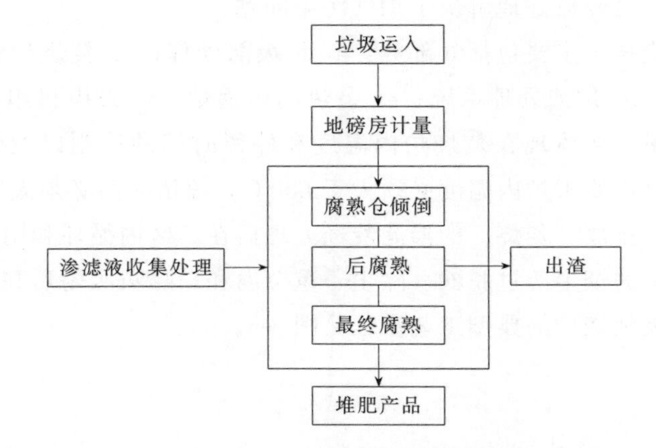

图 3-7　生活垃圾堆肥厂典型工艺流程

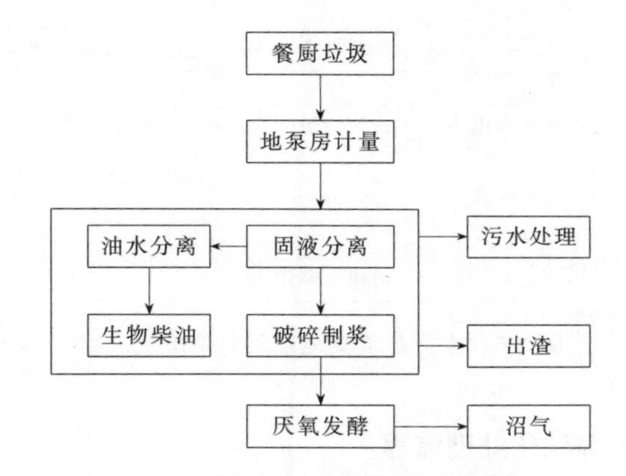

图 3-8　餐厨垃圾厌氧处理典型工艺流程

3.2.2.5　生活垃圾转运流程

生活垃圾转运站是生活垃圾收集运输的重要环节，主要负责收集城区生活垃圾，集中压缩后装入垃圾集装箱，由运输垃圾的车辆送往填埋场、焚烧厂或堆肥场。有的转运站还有垃圾分选车间，按照下一个处理环节的要求分选垃圾；有的转运站还有磁选设备，主要回收金属类。目前北京市正在运行的转运站中，小武基垃圾转运站和马家楼垃圾转运站有分选环节，其余的 6 座垃圾转运站仅对垃圾进行压缩处理。

生活垃圾转运站的典型工艺流程见图 3-9。

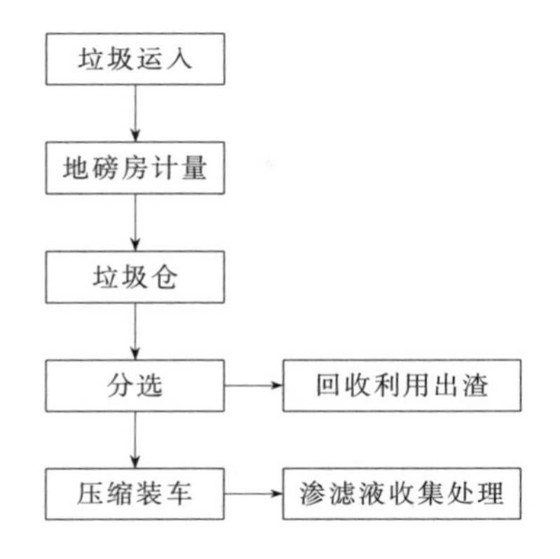

图 3-9　生活垃圾转运站典型工艺流程

3.3　环境及公共设施管理行业特征

3.3.1　污水处理厂的特征

3.3.1.1　能源消耗状况

污水处理厂的能耗可以分为直接能耗和间接能耗。直接能耗是指在污水处理厂现场消耗的能量，主要包括电能消耗和热能消耗，而在建造处理厂生产建筑材料、运输作业以及生产处理药剂时所消耗的能量称为间接能耗。这些能耗通常来源于电力、煤和天然气等能源。我们通常所说的能耗一般指直接能耗，它客观地反映了污水处理厂在实际运行过程中的能量消耗。

城镇污水处理厂的直接能耗主要是电能，电能的消耗主要集中在以下几个方面：生物处理的供氧和推动混合，污水和污泥的提升和输送，污泥的稳定和处理，其他专用机械设备的运行，附属建筑、厂区照明及自控系统运行等。具体能耗状况与处理工艺、管理水平和自动化程度有关。

(1) 国外污水处理能耗状况

目前发达国家已经普及污水二级生物处理，正在向深度处理和超深度处理发展，但是高级生物处理基础建设投资高、能源消耗很大，像美国、德国、日本等这样的发达国家，也因高昂的污水处理费用引起了众多争议，都在致力于研究污水处理新技术，或改革传统的工艺流程来降低能耗。

1）美国污水处理能耗状况　美国的污水处理发展迅速，具备一定规模的污水处理厂有20000多座，年能耗费用达数十亿美元。2002年用于污水处理的耗电量占到全国发电量的4%，巨大的能源消耗成为研究人员所关注的焦点。表3-1列出了美国采用传统活性污泥处理工艺的不同规模污水处理厂动力运行预算分配。

表3-1　美国污水处理厂动力运行预算分配

规模/(m^3/d)	能源费用比例/%	人工费用比例/%	基建费用比例/%
4000	8.1	68.2	23.8
100000	24.7	52.2	23.1
400000	30	47.8	21.3

由表3-1可以看出，美国的人工费用很贵，小型污水处理厂的人工费用占到总运行成本的68.2%，而能源费用仅为8.1%。随着污水处理厂规模的增大，人工费和基础建设费所占比例逐渐减小，能源费用所占比例逐渐增大。大型污水厂的单位基建成本相对较低、人工利用率高，由于污水处理量的大幅增加，所以能源费用所占比例较大。

根据美国各种处理工艺的典型运行数据，对同等规模和进水条件下的二级处理工艺的能耗进行比较（结果见表3-2和表3-3）。

表3-2　美国污水二级处理比能耗

处理工艺	典型应用	比能耗(按每千克 BOD_μ 计)/(kW·h/kg)
传统活性污泥法	深度处理(任何规模)	0.86～2.42
纯氧活性污泥法	深度处理(大型处理厂)	0.88～2.17
氧化沟/延时曝气法	深度处理(小型处理厂)	1.50～3.30

注：BOD_μ 为总BOD或可生化降解COD。

表3-3　美国污水处理厂生化处理系统相对比能耗

工艺系统	比能耗(按每千克 BOD_μ 计)/(kW·h/kg)
曝气氧化塘	3.7
延时曝气(污泥好氧消化)	3.4
活性污泥法(污泥好氧消化)	2.4

续表

工艺系统	比能耗(按每千克 BOD_{μ} 计)/(kW·h/kg)
活性污泥法(污泥厌氧消化)	2.1
生物滤池(污泥好氧消化)	2.0
生物滤池(污泥厌氧消化)	1.4

由表 3-2 和表 3-3 可以看出，生物滤池和活性污泥法的比能耗较低，延时曝气次之，曝气氧化塘的能耗最高。这些工艺的处理效果、系统运行的稳定性不尽相同，具体比能耗值也因设计、运行条件和管理水平而异。

2）日本污水处理能耗状况　日本是亚洲污水处理技术发展最快的国家，对水资源的保护非常重视，能耗方面的研究开展较早，表 3-4 列出了日本全国城镇污水处理厂的平均能耗状况。

表 3-4　日本全国城镇污水处理厂平均能耗

单元过程	比能耗/(kW·h/m^3)	比例/%
污水提升	0.069	22.8
污水处理(二级)	0.178	58.7
污泥处理	0.047	15.5
排泄物处理	0.009	3
合计	0.304	100

从表中可以看出，日本的城市污水处理能耗处于相对较低的水平，全国的平均比能耗为 0.304kW·h/m^3，能量主要消耗在二级生物处理、污水提升及污泥处理方面。

（2）国内污水处理能耗状况

20 世纪 80 年代，上海市政工程设计研究院的羊寿生曾结合设计经验，对我国典型二级城镇污水处理厂的能耗做出过估算，针对污水处理厂各部分单元的电耗做了计算，污水处理厂规模按 $2.5\times10^4 m^3/d$ 计，估算的结果以处理单位体积污水的耗电量（kW·h/m^3）表示，见表 3-5。

表 3-5　我国典型二级城镇污水处理厂电耗

单元过程	耗电量/($kW \cdot h/m^3$)	比例/%
污水处理提升泵	0.06	22.6
格栅、沉砂池、沉淀池排泥机械	0.0064	2.4
污泥回流泵	0.02	7.5
曝气供氧设备(氧利用率 10%)	0.145	54.5
污泥脱水处理(无消化工艺)	0.028	10.5
化验室、办公室等附属建筑	0.007	2.6
总计	0.266	100

由表 3-5 可以看出，我国二级城镇污水处理厂大量的电能用在好氧曝气、污水提升和污泥处理上，三项之和占到总耗电量的 87.6%。

龙腾锐、高旭对城镇污水处理厂进行了生物处理单元的能量衡算，并采用两类指标对处理单元耗能状况进行了评价。据统计，目前国内二级生物处理厂的单位运行费用为 0.2～0.6 元/($m^3 \cdot d$)，即 10×10^5t/d 规模的处理厂，年运行费用要达到 730 万～2190 万元，其中最主要的部分是能源消耗的费用。

张力、张善发等曾对上海城区的 13 座城镇污水处理厂的能耗进行过统计，结果表明，比能耗在 0.190～0.446$kW \cdot h/m^3$ 之间，平均能耗为 0.285$kW \cdot h/m^3$。

杨凌波等对我国 559 座城镇污水处理厂 2006 年的能耗状况及其影响因素进行了统计分析和定量识别，结果表明我国城镇污水处理厂的平均电耗为 0.29$kW \cdot h/m^3$。

从表面上看，我国的污水处理能耗同美国、欧洲、日本相当，但是在处理水平上却有很大的差异。国外通常对处理出水进行消毒处理，日本的沉砂池普遍具有通风、除臭等工序，污泥处理过程较为严格，消化、脱水、焚烧、气浮等比较普遍。此外，发达国家污水处理厂的设备自动化程度非常高，我国仅部分污水处理厂有自动控制设施。

(3) 北京市污水处理厂能耗情况

1) 典型污水处理厂能耗结构

① A^2/O 工艺。A 污水处理厂处理规模 $4 \times 10^5 m^3/d$，主体工艺为 A^2/O 和倒置 A^2/O。A 污水处理厂预处理、二级处理、污泥处理等各主要处理单元的能耗分布情况如图 3-10 所示。从图中可以看出，二级生物处理单元是整个污水处理厂的最大耗能单元，占到整个污水处理厂能耗的 59%（不包括办公区用电），污泥处理单元能耗约占全厂的 23%。

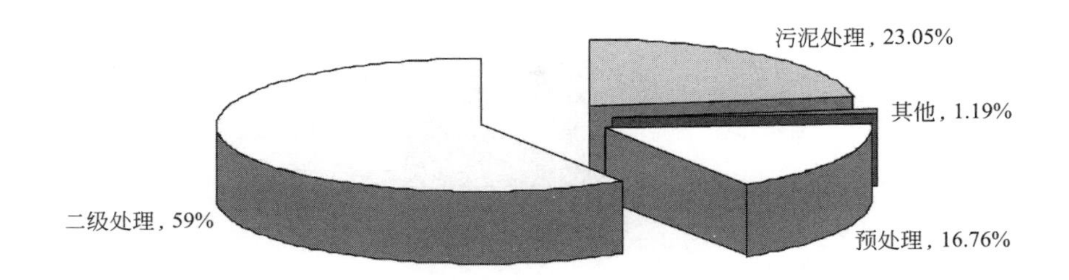

图 3-10　A 污水处理厂能耗分布

预处理和二级处理单元主要包括以下设备：格栅、进水泵、鼓风机、回流泵、剩余污泥泵、搅拌器、刮泥机以及其他耗电量相对较小的设备。将水区的设备电耗情况作图，如图 3-11 所示，可以看出鼓风机占整个水区的电耗可达 62%，进水泵、回流泵等各种泵的电耗占 32%。

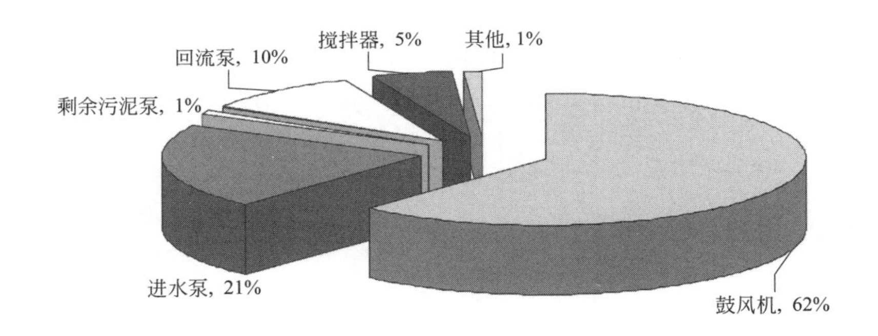

图 3-11　A 污水处理厂水区各设备电耗情况

② 氧化沟工艺。B 污水处理厂采用 Orbal 氧化沟，根据郭雪松、周鑫等的研究成果，Orbal 氧化沟的能耗分布如图 3-12 所示。研究结果表明，该厂最大耗能环节是氧化沟曝气与推流设备，占总能耗的 65%；其次是污水提升泵，占 14%，其主要是受提升高度影响；第三是污泥回流系统能耗，占 8%；其余部分能耗占比较小。

2）北京市污水处理厂能耗情况　污水处理厂的能源消耗基本是电力的消耗。目前，全市污水处理厂的能耗差别较大，从 0.09kW·h/m^3 到 0.82kW·h/m^3 不等。即使是相同处理工艺和规模，由于处理负荷、进出水水质等不同，用电量也有较大的差别。如采用 A^2/O 工艺的 4 家污水处理

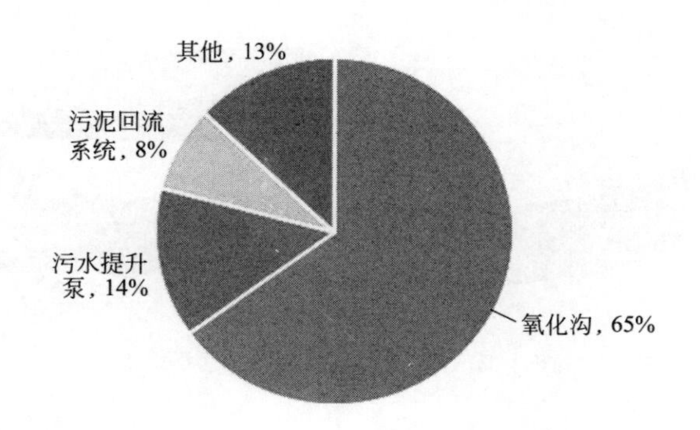

图 3-12　B 污水处理厂的能耗分布

厂，处理规模为（2～4）×$10^4m^3/d$，处理负荷从 43%到 123%不等，单位耗电量 0.27～0.59kW·h/t。SBR 及 CASS 工艺的四家污水处理厂，处理规模为（1.05～4）×$10^4m^3/d$，处理负荷为 40%～100%，单位耗电量 0.21～0.35kW·h/m^3。氧化沟工艺的处理规模为（1.1～8）×$10^4m^3/d$，处理负荷 10%～103%，单位耗电量差别很大，从 0.09kW·h/m^3 到 0.82kW·h/m^3 不等。

3.3.1.2　资源消耗和污染物排放情况

污水处理厂的物料消耗主要是用于生物脱氮的外加碳源、用于化学除磷的铝盐和铁盐、污泥浓缩脱水过程中的絮凝剂以及消毒过程用的消毒剂。

污泥脱水絮凝剂有无机絮凝剂、合成有机絮凝剂、天然高分子絮凝剂、微生物絮凝剂和复合絮凝剂 5 大类。目前应用最多的是合成有机高分子絮凝剂，有阳离子型、阴离子型、非离子型、两性型絮凝剂。一般城市生活污泥多带负电，使用阳离子型絮凝剂。目前使用最广泛的合成有机高分子絮凝剂是聚丙烯酰胺（PAM）及其衍生物。

铝盐主要是聚合氯化铝（polyaluminum chloride），代号 PAC。它是介于 $AlCl_3$ 和 $Al(OH)_3$ 之间的一种水溶性无机高分子聚合物，该产品有较强的架桥吸附性能，在水解过程中，伴随发生凝聚、吸附和沉淀等物理化学过程。聚合氯化铝与传统无机混凝剂的根本区别在于传统无机混凝剂为低分子结晶盐，而聚合氯化铝由形态多变的多元羧基络合物组成，絮凝沉淀速度快，适用 pH 值范围宽，对管道设备无腐蚀性，净水效果明显。

消毒剂目前用得最多的是次氯酸钠（NaClO）。次氯酸钠属于强碱弱酸盐，灭菌原理主要是通过它的水解形成次氯酸，次氯酸再进一步分解形成新生态氧［O］，新生态氧的极强氧化性使菌体和病毒的蛋白质变性，从而使病原微生物致死。作为一种真正高效、广谱、安全的强力灭菌、杀病毒药剂，它同水的亲和性很好，能与水以任意比互溶，且不存在液氯、二氧化氯等药剂的安全隐患，其消毒效果被公认为和氯气相当。就运行成本而言，采用次氯酸钠消毒的运行成本费用是很低的，仅比氯气稍高一些。但由于次氯酸钠液体不易久存，次氯酸钠多通过电解低浓度食盐水现场制备。

北京市各污水处理厂的药剂消耗主要是絮凝剂PAM、聚合硫酸铁和次氯酸钠。各污水处理厂PAM的用量差别也较大，单位污水处理量的用量从0.09千克/万立方米到22.73千克/万立方米不等。

3.3.1.3 污染物产生与排放状况

（1）出水

1）污水处理厂水污染物排放标准　目前全国污水处理厂出水主要执行的标准是《城镇污水处理厂污染物排放标准》（GB 18918—2002）中的一级B。北京市地方标准《城镇污水处理厂水污染物排放标准》（DB11/ 890—2012）于2012年5月28日发布，2012年7月1日开始实施，标准中规定“现有城镇污水处理厂执行表2中的B标准，自2015年12月31日起，现有城镇污水处理厂基本控制项目的排放限值执行表1的B标准”。几种主要污染物的限值见表3-6。

表3-6　城镇污水处理厂主要污染物排放标准限值　单位：mg/L

标准＼指标	COD_{Cr}	BOD_5	TN(以N计)	NH_3-N(以N计)	TP
DB11/ 890—2012 表1中B标准	30	6	15	1.5(2.5)	0.3
DB11/ 890—2012 表2中B标准	60	20	20	8(15)	1.0

从表3-6中可以看出，《城镇污水处理厂水污染物排放标准》（DB11/890—2012）表2中B标准与《城镇污水处理厂污染物排放标准》（GB 18918—2002）中一级B标准的限值保持一致。《城镇污水处理厂水污染物排放标准》（DB11/890—2012）表1中B标准与《城镇污水处理厂污染物排放标准》（GB 18918—2002）中一级B标准的限值相比，各项指标均严格了很多，要达到新的标准，城镇污水处理厂必须进行升级改造。目前城镇污水处理厂正处于升级改造时期。

2）北京市污水处理厂进出水水质情况　由于区域生活习惯、生活水平等因素影响，北京市城镇污水处理厂的进水水质存在差异。出水水质受污水处理工艺等因素影响，各污水处理厂也都不同。全市污水处理厂的进水水质差别较大，COD浓度较低的为100mg/L，较高的达到560mg/L，数值相差4倍多；出水COD浓度一般为11.3～58mg/L，也有一定差别，但都达到一级B的排放标准。进水氨氮的浓度范围为12.7～69.81mg/L，出水氨氮浓度为0.4～7mg/L。

（2）污泥

北京市污水处理厂的污泥包括格栅的栅渣、沉砂池泥砂、初沉池和二沉池污泥。栅渣和沉砂池泥砂基本由环卫部门清运，初沉池和二沉池的污泥经污泥脱水机处理后再进行后续处理。污水处理厂均排放污泥，有的污水处理厂负荷很低，污泥产生量很少，会在一段时间内不排泥。各污水处理厂污泥产生量的差别也较大，从1吨/万立方米到16.34吨/万立方米不等，污泥含水率基本都能达到80%的以下要求。

（3）臭气

城镇污水处理厂的臭气主要来源于以下几个方面。

① 在格栅间、进水泵房、沉砂池、生物池、储泥池、污泥脱水机房等构筑物中，由于机械扰动或水流湍动，大量臭气从污水中逸出；污泥浓缩池、储泥池等容易产生大量的无机硫化物、有机硫化物和氨等恶臭气体。

② 采用厌氧处理工艺时容易产生臭气。厌氧代谢是一种不彻底的氧化还原过程，容易产生一些带臭味的中间产物，如水解酸化时产生的甲酸、乙酸等有机酸类，厌氧条件下硫酸盐还原菌所产生的H_2S气体等。

③ 污水中漂浮物容易产生臭气。如污水中含菜叶、树枝杂草、动物尸体，当它们腐烂时易产生各种各样的臭气。

从构筑物的结构、分布等情况看，对臭气进行集中收集处理的难度比较大。从相关研究资料来看，在构筑物附近臭气浓缩超标现象比较普遍，在厂界已经远远低于相关标准，具体见表 3-7。

表 3-7 某污水处理厂恶臭监测结果

源点	污泥浓缩池	污泥脱水间	脱水间外 50m	脱水间外 100m	厂界外	标准限值
臭气浓度(无量纲)	43	173	6.5	1.5	＜1.5	20

3.3.2 垃圾处理厂的特征

北京市 2000 年垃圾清运量只有 244 万吨（图 3-13），2006 年北京市垃圾清运量达到 538 万吨。自 2009 年起，北京市开始推进垃圾减量化工艺，垃圾产生量增长速度放缓，2015 年北京市生活垃圾清运量为 790.33 万吨，生活垃圾日处理量为 2.4 万吨。北京市解决垃圾问题的目标是垃圾减量化、资源化、无害化处理。目前，北京市生活垃圾的处理方式主要有填埋、生化处理（堆肥）及焚烧处理 3 种。2015 年，北京市生活垃圾处理厂达到了 45 座，总设计处理能力 27321t/d。由于垃圾处理设施的建成和投入使用，北京市垃圾生化、填埋、焚烧处理比例已调整为 20∶30∶50，焚烧、生化等资源化处理所占比例由 2014 年的 50%提高到 70%，填埋比例大大减小，全

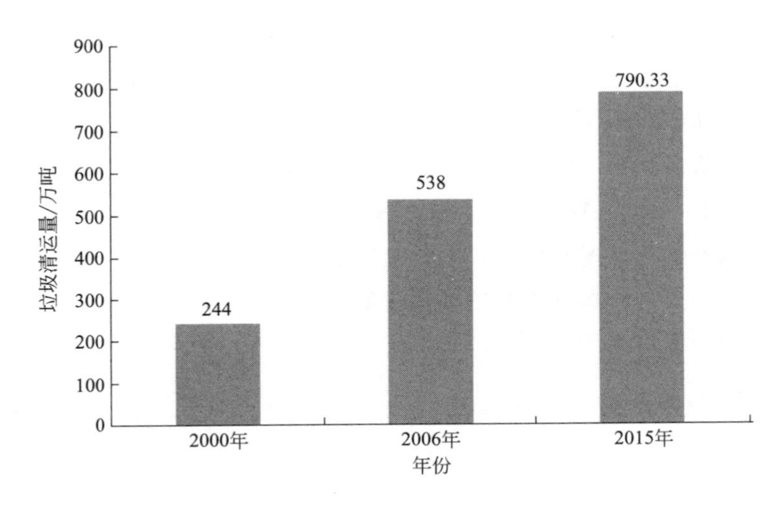

图 3-13 北京市垃圾清运量变化情况

市生活垃圾无害化处理率升至99.6%。这标志着北京市生活垃圾处理已经完成由传统填埋向资源化处理方式的转变。

垃圾处理厂近年来实施源头分类“减量化”、回收利用“资源化”等措施，收到一定效果，尤其是焚烧发电、填埋气发电、生化处理等技术更深程度地实现了“垃圾资源化”，而且，2008年以来，市政府大力推进垃圾处理厂环境治理，减排效果明显。但是，由于垃圾处理厂设备陈旧、技术落后、土地资源紧张、新建选址困难等原因，大多数垃圾处理厂超负荷运行，使得环境污染控制难度较大，环境污染问题依然存在。

3.3.2.1 生活垃圾填埋场

(1) 生活垃圾填埋场能源和资源消耗

北京市生活垃圾填埋场的能源消耗主要是汽油、柴油和电。填埋场的主要耗电系统是渗滤液收集处理系统和填埋气收集处理系统。渗滤液处理普遍采用纳滤、反渗透等膜处理工艺，这些工艺由于要提供膜分离所需要的压差，耗电量大。渗滤液处理系统的提升泵、真空泵和生化系统用鼓风机功率高，使用率高，耗电量较大。填埋气收集系统需负压作业，耗电量大。填埋场的油料消耗主要用于填埋作业过程的推土机和压实机。

资源消耗主要集中在填埋场的素土、除臭剂和水的消耗上，经过近几年的研究和实践，填埋场的用土量已经逐步减少，主要体现在垃圾筑坝工艺的创新替代了黄土筑坝。除臭剂主要用于作业面和垃圾堆体的喷洒除臭。水主要是用在清洗、保洁方面，由于渗滤液处理后中水在场区内的循环利用，水消耗量也逐步减少。

根据调研情况看，北京市生活垃圾填埋场油料消耗量为0.10～1.5L/m^3，耗电量为0.10～6.23kW·h/m^3，耗水量为0.01～0.87m^3/t，差别较大。填埋场的结构和运行情况与能耗、水耗之间的关系密切，简单的卫生填埋能耗相对较小。渗滤液收集处理和填埋气收集处理对于填埋场耗电影响很大，与填埋场的规模也有很大的关系。

(2) 污染物产生和排放状况

1）填埋气　由于生活垃圾中有机物的好氧和厌氧分解，生活垃圾填埋场释放大量的填埋气，填埋气的主要成分为甲烷和二氧化碳，还有一些含量很低的挥发性有机物和含量更低的恶臭气体。

表 3-8 是北京市各个垃圾卫生填埋场的填埋气收集处理方式。从调查情况来看，北京市填埋场的填埋气控制方式主要有两种。一种是全密闭式，除去必要的作业面外，其余部分全部用 HDPE 膜覆盖，膜下设填埋气收集设施，将填埋气收集后集中处理或利用。有的填埋场采用焚烧发电的方式，有的采用火炬燃烧的方式处理。采用全密闭化工艺填埋气收集量可以达到 90%以上，可以有效控制填埋气污染。另一种是非密闭式，垃圾堆体中也有填埋气收集系统，非作业面没有密闭，填埋气收集率不高，这些卫生填埋场规模较小，日填埋量都在 300t 以下，填埋气产生量小。

表 3-8　垃圾卫生填埋场填埋气收集处理方式

填埋场编码	填埋气处理方式
1	填埋气集中收集后发电，发电量控制为 450kW
2	填埋气集中收集后发电。两台机组满载运行可供北京市 1.7 万户家庭全年的用电量；每年处理填埋气 1300 万立方米
3	填埋气集中收集后，作为燃料，用以蒸发处理垃圾渗滤液
4	负压收集，点燃及发电
5	负压收集，点燃及发电
6	直接排放
7	火炬燃烧、生物除臭
8	直接排放
9	收集后排放
10	火炬燃烧
11	直接排放
12	负压收集，点燃及发电

2）渗滤液　渗滤液是在生活垃圾降解过程中产生的，其污染物浓度高，处理难度大。渗滤液的污染控制主要是防止对地下水和地表水的污染，主要措施是填埋场底部防渗和渗滤液处理达标排放。

表 3-9 是调研的 12 家垃圾填埋场的渗滤液处理情况。大型的填埋场都有渗滤液处理系统，处理方式均为膜工艺，浓缩液回灌填埋场。渗滤液经过处理后，可用于填埋场内清洗、绿化等，或直接外排。

表 3-9 垃圾填埋场渗滤液处理方式

填埋场代码	渗滤液处理方式、去向	平均日产生量/(t/d)	设计处理量/(t/d)
1	MBR+NF+RO+浓缩液蒸发,处理后回用	247	200
2	碟管式反渗透(DTRO),处理后回用	565	600
3	碟管式反渗透(DTRO),处理后回用	199	200
4	生化处理+膜处理,排入地表水体	425	500
5	MBR+NF+RO+浓缩液蒸发,排入地表水体	665	550
6	生化处理+膜处理(试运行阶段)	115	200
7	回喷,不外排	97	150
8	回喷,不外排	54	—
9	外运处理或回灌	38	—
10	外运处理	97	—
11	外运处理或回喷	25	—
12	外运处理	459	—

注：MBR 为膜生化反应器；NF 为纳滤；RO 为反渗透。

3.3.2.2 生活垃圾焚烧厂

(1) 生活垃圾焚烧厂的能源和资源消耗情况

北京市生活垃圾焚烧厂的能源消耗主要是汽油、柴油和电。焚烧厂的电主要用于鼓风、物料运送、渗滤液收集处理、焚烧炉加热和烟尘治理。焚烧炉耗电量与进炉垃圾的含水率有直接关系，而垃圾前处理耗电量也和垃圾中的含水率有直接关系，即通过降低垃圾中含水率可以减少焚烧炉电耗。汽油、柴油主要用于作业车、提升泵、焚烧炉点火。水主要是用在冷却、清洗、保洁等方面。

(2) 污染物排放和防治措施

焚烧厂的污染物主要有前期处理过程中腐烂垃圾散发的刺激性气味和渗滤液，以及焚烧炉产生的烟尘和炉渣。前期处理过程的防治措施主要采取源头控制、密闭作业。焚烧炉烟尘处理措施一般有物理降尘、电除尘、布袋除尘，脱硫除酸。炉渣运往填埋场处理，焚烧飞灰运往危险废物处理厂处理。高安屯焚烧厂的烟气处理技术由 NID、活性炭喷射和炉内脱硝等组成。NID (new integrated desulphurization) 是创新的烟气脱酸、除尘一体化系统，活性炭作为吸附剂可吸附重金属、二噁英、呋喃等，炉内脱硝采用选择性非催化还原法（SNCR），将 40％的尿素溶液喷入炉膛，烟气中的 NO_x 被还原成 N_2、O_2 及水蒸气。

3.3.2.3　生活垃圾堆肥厂

（1）生活垃圾堆肥厂能源和资源消耗

北京市生活垃圾堆肥厂的能源消耗主要是汽油、柴油和电，汽油、柴油主要用于作业车、提升泵，电主要用于加热保温、鼓风、运送。资源消耗主要是自来水和除臭剂，其中水主要用在清洗、保洁等方面。

（2）生活垃圾堆肥厂污染物排放和防治措施

生活垃圾堆肥厂的半成品传送过程，如果采用人工架车转运，工作环境比较臭，臭味大量散发，若在半成品传送过程采用机械化连续作业，臭味污染有一定程度的缓解。有氧堆肥技术需要大量地主动鼓风，耗电量较大；大多数渗滤液都用来回喷加湿，臭味污染是堆肥技术的明显缺点；堆肥产生的渣土经填埋得到最终处理。

3.3.2.4　生活垃圾转运站

北京市 9 座转运站中有 3 座有分选车间。原生生活垃圾经过分选之后分 3 部分，中间的筛分物可腐物含量较高送堆肥厂，筛下物和筛上物送填埋厂填埋。

北京市生活垃圾转运站的能源消耗主要是汽油、柴油和电，汽油、柴油主要用于作业车、提升泵，电主要用于鼓风、物料运送、筛分、压缩。资源消耗主要是自来水和除臭剂的使用，其中水主要用在清洗、保洁等方面。

生活垃圾转运站的污染物主要来源于渗滤液和垃圾腐烂散发的刺激气味，防治措施一般有密闭作业车间、冲洗作业面和喷洒除臭剂等方式。

3.3.3　公园景区的特征

公园景区作为一个产业关联度很高的产业，与其相关产业如交通、餐饮、娱乐、零售业等，依靠的主要资源、能源是食品、水、电，部分还可能含有煤、汽油和天然气。公园景区物质、能源分配示意见图 3-14。

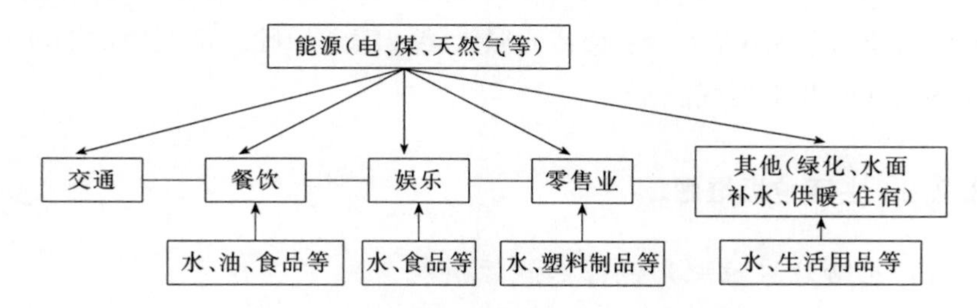

图 3-14　公园景区物质、能源分配示意

在能源分配中，各个过程均涉及能源消耗。虽然能源种类不同，但大部分过程均涉及电的消耗。在物质消耗方面，园区的绿化、冲厕、餐饮供应等均消耗水；其余物质消耗，不同服务过程各不相同。

与其他产业相比，由于公园景区具有生产与消费同时进行的产业特点，它对环境的污染和破坏不仅来自于供给方（经营者）的开发建设（如建设休闲疗养餐饮场所对自然环境的破坏）和经营过程（如宾馆饭店等向周边环境排放废水），同时还来自于需求方即消费方，产生于游客的流动和暂时停留过程（如冲厕、丢弃垃圾）。因此，旅游环境的污染和破坏较一般污染源更加特殊、复杂，其预防、治理、管理也更困难。公园景区在运营过程中产生的主要污染物有废水、废气、生活垃圾等。下面从游客活动中几个基本要素着手，对污染物来源进行分析。游客进入公园景区，旅游活动由食、住、行、游、购、娱等主要过程构成。不同阶段，产生污染物质不同。具体见图 3-15。

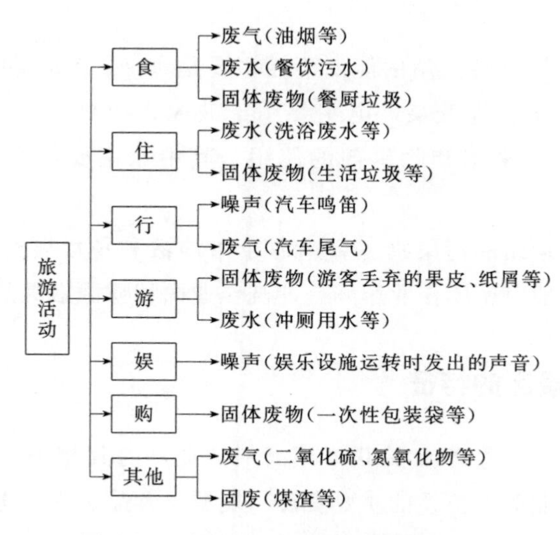

图 3-15　公园景区污染物来源分析示意

3.4 环境及公共设施管理行业存在问题分析

3.4.1 污水处理厂

(1) 缺乏系统的能源管理

对于污水处理厂来说，耗能较大的环节主要包括二级生物处理、污泥处理以及各类提升泵。相当一部分工艺存在着高能耗的问题，如曝气量过大、曝气器空气阻力系数过高；构筑物之间高程设计不合理，导致提升泵功率过大。

(2) 出水水质不能稳定达标

随着《城镇污水处理厂水污染物排放标准》(DB 11/890—2012) 的发布实施，现有污水处理厂在现行工艺状况下不能达标排放，尤其现行处理工艺在除磷脱氮方面的不足，使处理的污水不能完全或稳定达标排放，因而城镇污水处理厂需要升级改造。

(3) 废物处理及综合利用方面有待提高

部分污水处理厂在废物（臭气、污泥等）的处理处置以及污水再生利用、污泥综合利用等方面还不能达到清洁生产的要求，可持续的污水处理清洁生产工艺尚未得到应用。

(4) 员工清洁生产意识不强

部分中小型污水处理厂管理水平不高，企业和员工清洁生产意识不强，生产过程中管理不到位，出现浪费能源和资源的现象。由此可见，城镇污水处理厂要实施清洁生产的潜力巨大，随着国家和地方对污水处理行业环保要求的逐步提高和资源形势、市场形势的不断变化，如何向管理、技术和环保要效益是污水处理厂面临的新课题。

3.4.2 垃圾处理厂

(1) 垃圾种类多，分类处理难度大

垃圾处理存在巨大浪费，综合利用、分类处理难度较大。垃圾处理行业是城市运行的产物，起步较晚，设备简单。垃圾处理厂的主要任务是及时把分散在城市各个角落的生活垃圾收集、运输并处理，以防止在人口众多的城市引起“公害”。垃圾的种类繁多、成分复杂、随季节和区域变化较大，混合收集、集中统一处理，无法实现精细化、工业化，因此存在着巨大的资源浪费。但是，目前开展的垃圾分类、资源化回收等政策，效果甚微。

（2）垃圾运输成本高、运输过程污水滴漏、垃圾车清洗不到位

随着城市的逐步扩张，城市人口增加、社区密集、垃圾量不断上升，垃圾运输车辆遍及各个街道，处理设施建设在城外，交通运输负担较大。

由于生活垃圾含水量大、垃圾腐蚀性强以及部分垃圾清运车辆损坏、设备老化等，在垃圾清运处理过程中产生的污水沿途滴漏，造成环境二次污染。

此外，垃圾车作业完成后，车内有垃圾残留物以及污水；垃圾车驶离处理厂时，轮胎粘带少量垃圾及污水，如果垃圾车清洗不到位，会导致对运输沿途的二次污染。

（3）垃圾处理量巨大，处理技术落后

随着城市的快速扩张、人口暴涨，土地资源紧缺，大城市正在遭遇“垃圾围城”之痛，垃圾处理设施运行超负荷、处理能力不足，存在垃圾处理量与垃圾产生量严重不匹配的问题。

目前，填埋、焚烧和堆肥 3 大技术仍然以处理混合垃圾为主，资源化程度和综合利用效率很低，而且垃圾处理副产品或回收品品质不稳定，市场化困难。

（4）建设缓慢，投资渠道单一，投资量较少

垃圾处理厂扩建困难，由于垃圾处理厂的环境污染问题使得“邻避效应”严重影响了垃圾处理厂的选址和扩建，垃圾处理项目选址难、环评难，一个卫生填埋项目需要 3～4 年，一个焚烧项目需要 3～5 年甚至更久。

生活垃圾处理的主要问题集中在资金投入不足与需求提高的矛盾，市场化快速发展与监管能力薄弱的矛盾以及高标准与低支付能力的矛盾，还需要进一步地加大资金投入，加快设施建设，加强管理能力建设。作为民生行业及公益行业，垃圾处理设施的建设及运营不能仅依靠市场行为，更需要政府的导向及投入。目前大量的投资企业采用 BOT 模式投资建厂，极大地推动了垃圾焚烧发电厂的建设。

3.4.3 公园景区

（1）清洁生产措施不够全面

① 体现在合理开发与保护公园景区资源、维护生态系统平衡方面。公园景区资源是公园景区游览的依托载体，在公园景区资源的开发上存在开发计划制订得不周密、配套措施设计不完善的情况，使公园景区自然资源的完整性、生物的多样性、生态系统的平衡性、人文资源的连续性受到很大影响。很多公园景区盲目开发，配套设施、管理都大大落后，造成公园景区环境质量、游览品位下降，反而影响了公园景区的持续发展。

② 体现在开发清洁能源、消除空气污染、中水回用率等方面。我国公园景区的能源还是以传统的电、油、气为主，高碳排放加剧了公园景区的污染程度。开发、使用清洁能源，充分利用可再生能源如太阳能、水能、风能等的投入和技术支持都相对滞后。尚未完全落实清洁生产方案，如：少用或不用有毒有害的原料和易造成污染的原料；采用各种节能降耗、控制污染的技术；以低毒、低害原材料替代高危害的原料；废物减少和循环利用。

③ 体现在固体废物的污染方面，垃圾资源化利用率低。垃圾污染是各公园景区最大和最难解决的问题。由于超负荷接待游客，人满为患，垃圾处理能力不足，严重破坏公园景区环境，对人类健康和环境景观造成了负面影响。因此，固体垃圾处理要从源头上抓起，遵循减量化、再利用、再循环原则，改变人们活动的方式，消除污染产生的根源，引导人们减少垃圾的产生。此外，废物的处理也要实行减量化、无害化、资源化和稳定化处理。

（2）公园景区环境管理与ISO 14000环境管理体系未能完全接轨

依据国际标准化组织颁布的ISO 14000标准，我国公园景区建立的环境管理体系和高层次的环境管理模式力度不够，且范围不大。按照ISO 14000环境管理体系的要求，应规范公园景区开发和管理，根据不同公园景区的特点，将ISO 14000环境管理体系具体化，构建清洁生产评价体系，弥补公园景区环境管理体系的不足，使公园景区环境达标，从而提高公园景区环境管理水平。

（3）公园景区清洁生产评价体系不完善

① 公园景区的特点就是游客参与程度高，所以游客是重要的主体，游客的行为直接影响公园景区环境。从评价主体上看，主要由政府主管部门负

责，如环境、审计、旅游等部门，企业参与力度不够，公众参与程度不高。现代公园景区的发展，绿色宣传不到位。

② 评价内容需进一步全面。公园景区的特点决定了其涉及范围广、领域多、问题复杂。一些公园景区对开发过程中的环境承载力研究多，但对过程控制和必要的末端治理缺乏探讨。

③ 评价标准还需更加具体。定性的评价标准多，实施结果相对难以控制。

3.5 环境及公共设施管理业清洁生产潜力

3.5.1 污水处理厂

从污水处理厂的现状调研情况来看，污水处理厂的能耗、药耗、资源综合利用、清洁生产管理等方面还都有一定的提升空间，有清洁生产潜力可挖。

(1) 能耗

从调研情况看，北京市城镇污水处理厂能耗为0.21～0.87kW·h/m^3，清洁生产评价三级基准值为0.41kW·h/m^3，还有50%的企业达不到清洁生产的基本要求。北京市城镇污水处理厂的二级生物处理单元是整个污水处理厂的最大耗能单元，占到整个污水处理厂能耗的50%以上，其次是预处理和污泥处理单元。预处理单元中进水泵是最大的耗能设备，二级处理单元中鼓风机是最大的耗能设备，因而通过对二级处理单元等重点环节实施改造，有助于城镇污水处理厂节能降耗。

(2) 物耗

北京市城镇污水处理厂絮凝剂用量（按每吨TS计）差距较大，为0.51～12.5kg/t，清洁生产评价三级基准值（按每吨TS计）为4.4kg/t，部分污水处理厂通过优选药剂、调整参数等方法降低絮凝剂用量，从而减少药剂消耗量。

(3) 综合利用

城镇污水处理厂的资源综合利用主要包括再生水回用、利用污水源热泵等。

再生水的利用途径包括园林绿化、工业（冷却水、锅炉水工艺）用水、浇洒道路、冲厕、环境用水等。污水处理厂内的用水主要包括药剂的配制、设备的冲洗（污泥脱水机等）、职工生活用水以及厂区绿化等。冲洗设备、绿化等用水水质要求不高，若利用再生水，则可以节省新鲜用水的消耗。药剂的配制也可以进行试验，酌情利用再生水。

污水源热泵是借助污水源热泵压缩机系统，消耗少量电能，在冬季把存于水中的低位热能“提取”出来，为用户供热；夏季则把室内的热量“提取”出来，释放到水中，从而降低室温，达到制冷的效果。污水源热泵技术现在已经比较成熟，利用热泵技术可以回收污水中的能量，用于污水处理厂的供热或制冷，节省电能消耗。

（4）清洁生产管理

部分污水处理厂在质量管理体系、原辅材料管理以及工艺设备管理方面还存在疏漏和不足的地方，可以通过清洁生产审核进一步提升管理效率。

3.5.2　垃圾处理厂

目前，从垃圾处理厂的情况来看有以下几个问题。

① 垃圾处理厂的能源消耗和资源消耗差别较大，具有较大的消减空间。

② 污染物排放量较大，环境污染问题严重，周边居民反应较大；有待于进一步减少排放、改善周边环境。

③ 焚烧厂发电效率较低，低温蒸汽和余热还有利用空间。

④ 填埋场的填埋气利用率不高，还需要进一步开发和利用。

⑤ 生化处理效率低下，提升空间较大。

3.5.3　公园景区

公园景区在资源消耗、污染控制、综合利用以及环境管理等方面均具有一定的潜力。从北京市部分公园景区调研结果看，很大一部分公园景区单位绿地面积用水量、单位建筑面积综合能耗偏高，绿化废物不能完全实现回收利用，再生水利用率低，雨污合流问题依然存在，园林植物使用有机肥积极性不高，垃圾分类难以很好落实，此外管理方面还需要进一步提高。下面重点针对单位绿地面积用水量、单位建筑面积综合能耗、绿化废物资源化利用率、再生水利用率等指标，分析公园景区的清洁生产潜力。

3.5.3.1 单位绿地面积用水量

根据北京市部分公园景区的调研结果，各公园景区单位绿地面积用水量具有明显差异，在0.012～13.699$m^3/(m^2 \cdot a)$之间，单位绿化面积用水量平均水平为1.0$m^3/(m^2 \cdot a)$。单位绿化面积用水量在1.0$m^3/(m^2 \cdot a)$以上的公园景区约占24%，可见公园景区绿化用水具有很大的清洁生产潜力。

3.5.3.2 单位建筑面积综合能耗

公园景区的能耗来源于供暖、用电、餐饮（部分公园）等环节，根据调研数据，公园景区能耗中，供暖用能耗占52.27%，电能消耗占40.91%，餐饮能耗占6.82%。

根据部分公园景区的调研情况，公园景区单位建筑面积综合能耗（按标准煤计）具有明显差异，最高的达到77.37$kg/(m^2 \cdot a)$，最低的只有1.04$kg/(m^2 \cdot a)$，平均水平为26.44$kg/(m^2 \cdot a)$，平均值以上的公园景区约占50%，总体来说公园景区综合能耗具有较大的清洁生产潜力。

3.5.3.3 绿化废物资源化利用率

绿化废物是指园林绿化经营管理过程中所产生的枝干、落叶、草屑等植物残体。随着园林绿化废物堆肥化处理技术的日趋成熟，北京市西城区、朝阳区、丰台区、东城区、海淀区、房山区等均建成和扩建了绿化废物堆肥化集中处理车间（厂），这些堆肥处理厂有政府建设的，也有企业和私人建设的，消纳各自管辖绿地产生的绿化废物。北京市公园管理中心、北京市政管理委员会等单位共同建成了北京市第一家全自动绿化废物堆肥化处理厂，主要用于处理市属公园产生的废物。

3.5.3.4 再生水利用率

北京属于资源型重度缺水地区，人均水资源占有量不足300m^3，约为全国平均水平的1/8，世界人均水平的1/32，远远低于国际人均1000m^3的缺水下限。这一情况对再生水利用提出了较高的需求。

再生水是污水经适当处理后达到一定的水质指标，可以进行再次使用的水。采用生物接触氧化、膜生物反应器等技术完全可以处理生活污水，使其达到再生水要求，这方面的技术在国内已经非常成熟。有关研究证明，用再生水对公园内草地、白蜡、国槐等植物进行灌溉，无不良影响，用再生水对水系进行补水，也可减少新鲜水用量，再生水的使用在节约用水过程中起到重要的作用。

北京市公园景区的再生水利用水平总体不高，从部分公园景区的调研情况看，只有 40% 的公园景区有再生水利用系统，再生水利用率为 18%～66.7%。

3.5.3.5 垃圾分类收集

发达国家城市垃圾处理发展历程表明，对垃圾进行分拣是实现垃圾资源化的有效途径。分拣后，不仅可以直接回收大量废旧原料，实现垃圾减量化，而且可以减少垃圾运输费用，简化了垃圾处理工艺，降低了垃圾处理成本。

对于公园景区来说，虽然目前很多公园景区建设了垃圾分类收集设施，但是从垃圾箱、垃圾桶出来之后的生活垃圾又混在一起堆放，并且在环卫部门运走之前缺少垃圾分拣这一程序，使得公园景区的垃圾分类收集设施仅仅成为一种摆设，无法发挥垃圾分类的真正作用。

参考文献

[1] 李芳．清洁生产在污水处理厂中的应用思考［J］．科技创业家， 2012，8：206.

[2] 杨先海，吕传毅．城市生活垃圾预处理和资源化研究［J］．再生资源研究，2003，1：23-24.

[3] 李昂．2014 年北京市生活垃圾流节点理化特征分析［J］．中国工程咨询，2015，181（10）：53-56.

[4] 王旭华，刘归香．垃圾焚烧厂环评中的主要问题及对策［J］．资源节约与环保，2013，8：33.

[5] 刘辉，向怡，李丽珍等．生活垃圾焚烧主要污染防治措施分析［J］．四川环境，2016，35（1）：120-124.

[6] 时景丽，王仲颖，胡润春，等．我国垃圾填埋场填埋气体排放和回收利用现状分析［J］．中国能源，2002，8：26-28.

[7] 崔彤，李金香，杨妍研，等．北京市生活垃圾填埋场氨排放特征研究［J］．环境科学，2016，11：1-9.

[8] 赵凤琴，王帅琦，王震华．城市生活垃圾填埋场建设项目的环境监理探究［J］．环境保护与循环经济，2013，7：66-69.

[9] 董志高，李枫，吴继敏，等．垃圾填埋场对周边地质环境影响与防治对策［J］．地质灾害与环境保护，2010，21（1）：15-20.

[10] 蔡博峰，王金南，龙瀛，等．中国垃圾填埋场恶臭影响人口和人群活动研究［J］．环境工程，2016，2：5-9，32.

[11] 黄磊，安琪，程璜鑫．垃圾填埋场环境影响预测与环保对策研究：以武汉金口卫生填埋场扩建工程为例［J］．湖南科技大学学报（自然科学版），2005，20（1）：83-86.

[12] 李广艳，孙旭红，张泽生．垃圾堆肥场堆肥废气环境影响评价分析［J］．城市环境与城市生态，2001，14（4）：34-35.

[13] 冯经昆，钟山，孙立文，等．重庆某垃圾焚烧厂周边土壤重金属污染分布特征及来源解析［J］．环境化学，2014，33（6）：969-975.

[14] 王艳芳，孙娜，任丹，等．MBR 处理生活垃圾焚烧厂渗滤液的工程实践［J］．给水排水，2016，42（S1 期）：105-108.

[15] 张路杨．城市垃圾焚烧厂生态选址研究［J］．能源与节能，2016，1：110-113.

[16] 徐国伟．公园景区管理的创新思考和实践［J］．现代经济信息，2013，24：108.

[17] 李玉清．清洁生产引入森林公园开发——以广西大容山国家森林公园为例［J］．广西林业科学，2005，34（3）：160-162.

第4章 环境及公共设施管理行业清洁生产审核方法

4.1 清洁生产审核概述

4.1.1 清洁生产审核的概念

《清洁生产审核办法》（国家发展和改革委员会环境保护部令第 38 号）指出：清洁生产审核，是指按照一定程序，对生产和服务过程进行调查和诊断，找出能耗高、物耗高、污染重的原因，提出减少有毒有害物料的使用、产生，降低能耗、物耗以及废物产生的方案，进而选定技术经济及环境可行的清洁生产方案的过程。

清洁生产审核是对审核主体现在的和计划进行的生产和服务实行预防污染的分析和评估，是企业实行清洁生产的重要前提。

在实行预防污染分析和评估的过程中，制订并实施减少能源、水和原辅材料使用，消除或减少生产（服务）过程中有毒物质的使用，减少各种废物排放及其毒性的方案。

通过清洁生产审核，达到以下目标。

① 核对有关单元操作、原材料、产品、用水、能源和废物的资料。

② 确定废物的来源、数量以及类型，确定废物削减的目标，制订经济有效的削减废物产生的对策。

③ 提高审核主体对由削减废物获得效益的认识和知识。

④ 判定审核主体效率低的瓶颈部位和管理不善的地方。

⑤ 提高审核主体经济效益和产品质量。

4.1.2 清洁生产审核的原理

清洁生产审核基本原理是从原辅材料和能源、技术工艺、设备、过程控制及废弃物等方面进行分析，找出能耗高、污染大的生产环节，并针对性地提出清洁生产方案，以取得较好的经济效益和环境效益。清洁生产审核的原理和思路见图 4-1。

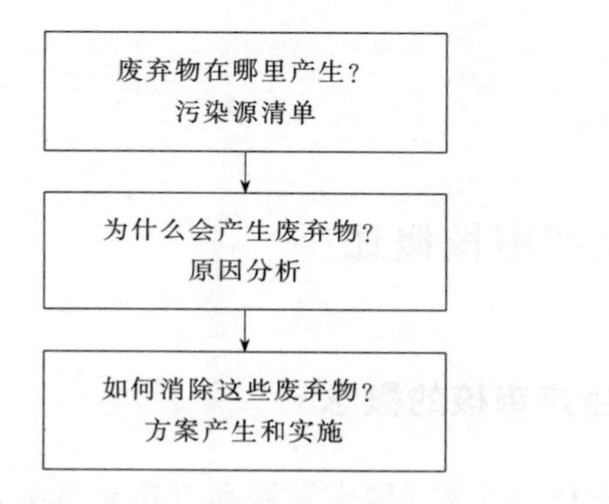

图 4-1 清洁生产审核的原理和思路

环境及公共设施管理企事业单位对废弃物的产生原因分析要针对以下 8 个方面进行。

(1) 原辅材料和能源

在开展环境及公共设施管理活动的建设期、运行期及维护期等，企事业单位都需要购买各种材料和能源，如建筑材料、运行耗材、辅助运行设备、汽油、柴油等不同种类能源，这些原辅材料和能源本身对环境的友好程度、是否节能节水、是否产生的污染物少，在一定程度上决定了环境及公共设施管理服务过程对环境的危害程度，因而选择对环境无害的原辅材料和能源是清洁生产所要考虑的重要方面。

(2) 服务流程

环境及公共设施管理行业的废弃物产生基本集中在服务过程中，如污水处理过程中产生废水，垃圾清运处理中产生的废气和渗滤液，公园景区运营中产生的废水、油烟和垃圾等。服务过程的清洁生产水平基本上决定了废弃物的产生排放量和循环利用情况。先进且高效的服务流程可以提高资源能源的利用效率，减少废弃物的产生，是实现清洁生产的一条重要途径。

（3）主体建筑与设备

环境及公共设施管理行业的主体建筑（如污水处理池、垃圾填埋场、垃圾焚烧炉、垃圾腐熟仓、公园景区旅游设施等）、各种运输设备、辅助运行设备等作为环境及公共设施管理行业服务过程的具体体现，承担了主要的服务功能，设施与设备的购置时间、使用年限、适用情况、先进程度、维护保养等情况均会影响到废弃物的产生。

（4）过程控制

过程控制对许多服务过程是极为重要的，直接影响到能源的利用效率和废弃物的产生。

（5）服务

环境及公共设施管理服务流程的优化能够提高工作效率，减少资源消耗。

（6）废弃物

废弃物本身所具有的特性和所处的状态直接关系到它是否可现场再用和循环使用。

（7）管理

加强管理是环境及公共设施管理企事业单位发展的永恒主题，任何管理上的松懈均会严重影响到废弃物的产生。

（8）人员

环境及公共设施管理的服务过程，无论自动化程度多高，还是需要人的参与，提高员工及游客的素质和节能减排的积极性，也是有效控制服务过程和废弃物产生的重要因素。

4.1.3　清洁生产审核的程序

清洁生产审核程序应包括审核准备、预审核、审核、方案的产生和筛选、方案的确定、方案的实施和持续清洁生产。

审核准备阶段应宣传清洁生产理念，成立清洁生产审核小组，制订审核工作计划。

预审核阶段应通过现场调查、数据分析等工作，评估环境及公共设施管理企业清洁生产水平和潜力，确定审核重点，设置清洁生产审核目标，同时应实施无/低费清洁生产方案。

审核阶段应通过水平衡、能量平衡等测试工作，系统分析能耗、物耗、废物产生原因，提出并实施无/低费方案。

方案的产生和筛选阶段应筛选确定清洁生产方案，核定与汇总已实施无/低费方案的实施效果。

方案的确定阶段应以市场调查、技术评估、环境评估、经济评估的顺序对方案进行初步论证，确定最佳可行的推荐方案。

方案的实施阶段应通过方案实施达到预期清洁生产目标。

持续清洁生产阶段应通过完善清洁生产管理机构和制度，在环境及公共设施管理企业建立持续清洁生产机制，达到持续改进的目标。

具体审核流程见表 4-1。

表 4-1　各阶段工作内容说明

序号	阶段	工作内容
1	审核准备	(1)取得领导支持； (2)组建审核小组； (3)制订审核工作计划； (4)开展宣传教育
2	预审核	(1)准确评估环境及公共设施管理企业技术装备水平、产排污现状、资源能源消耗状况和管理水平、绿色消费宣传模式等； (2)发现存在的主要问题及清洁生产潜力和机会，确定审核重点； (3)设置清洁生产审核目标； (4)实施无/低费清洁生产方案
3	审核	(1)收集汇总审核重点的资料； (2)水平衡测试、能量测试； (3)能耗、物耗、废物产生分析； (4)提出并实施无/低费方案
4	方案的产生和筛选	(1)筛选确定清洁生产方案，筛选供下一阶段进行可行性分析的中/高费方案； (2)核定与汇总已实施无/低费方案的实施效果

续表

序号	阶段	工作内容
5	方案的确定	(1)对会造成服务规模变化的清洁生产方案要进行必要的市场调查,以确定合适的技术途径和生产规模; (2)按技术评估→环境评估→经济评估的顺序对方案进行分析,技术评估不可行的方案,不必进行环境评估;环境评估不可行的方案,方案不可行,不必进行经济评估; (3)技术评估应侧重方案的先进性和适用性; (4)环境评估应侧重于方案实施后可能对环境造成的不利影响(如污染物排放量增加、能源资源消耗量增加等); (5)经济评估应侧重清洁生产经济效益的统计,包括直接效益和间接效益
6	方案的实施	(1)清洁生产方案的实施程序与一般项目的实施程序相同,参照国家、地方或部门的有关规定执行; (2)总结方案实施效果时,应比较实施前与实施后,以及预期和实际取得的效果; (3)总结方案实施对环境及公共设施管理企业的影响时,应比较实施前后各种有关单耗指标和排放指标的变化
7	持续清洁生产	(1)建立和完善清洁生产组织; (2)建立和完善清洁生产管理制度; (3)制订持续清洁生产计划; (4)编制清洁生产审核报告

4.2　审核准备阶段技术要求

审核准备阶段需要成立清洁生产审核小组，制订审核工作计划；宣传清洁生产理念，消除思想障碍，调动全体员工参与清洁生产审核的积极性。

主要工作内容包括以下几个方面。

1）取得领导支持　利用内部和外部的影响力，及时向企业领导宣传和汇报，宣讲清洁生产审核可能给企业带来的经济效益、环境效益、社会效益、无形资产的提高和推动技术进步等诸方面的好处，讲解国家和地方清洁生产相关政策法规，介绍国内外其他环境及公共设施企业清洁生产成功实例，取得企业高层领导的支持。

2）组建审核小组　环境及公共设施企业根据规模大小，成立清洁生产审核领导小组和工作小组。

① 组长：应由总经理直接担任，或由其任命主管能源环保或工程、后勤的副总经理担任。

② 成员：要求具备清洁生产审核知识，熟悉污水处理厂、垃圾处理厂或公园景区等所处行业的运营、管理、服务和维修等情况，主要由各企业技术、生产、工程、运维和财务部门以及作为审核重点部门的相关人员组成。

3）制订工作计划　计划包括工作内容、进度、参与部门、负责人、产出等。

4）开展宣传培训　利用企业现行各种例会或专门组织宣传培训班，采取专家讲解、电视录像、知识竞赛、参观学习、印发宣传材料等方式，对全体员工分批次进行宣传教育。由于环境及公共设施管理行业员工流动率较高，应注重员工持续宣传教育工作。主要内容应包括但不限于：清洁生产来源、意义、概念，我国清洁生产政策法规，行业产业政策和环境保护法规标准，国家和地方节能减排鼓励政策，清洁生产审核程序及方法，典型清洁生产方案，能源环境管理制度建设及执行方式等。

此外，针对公园景区的清洁生产审核宣传培训应不仅包括企业内部员工，还应开展宣传教育活动引导游客的清洁生产活动。游客是公园景区旅游活动的主体，同样也应该是公园景区清洁生产的主体，只有游客和工作人员共同致力于清洁生产，才能保证公园景区的可持续发展。注重引导游客的绿色消费行为，应制订专门的清洁生产规章制度，调动游客积极性，适当运用广告牌或将提示性标语安置在门口、售票处等适当部位，宣传普及规章制度。主要内容应包括但不限于：垃圾的妥善处理，公共场合不吸烟、不乱涂乱画，爱护公共设施和绿化环境，选择去清洁生产达标的公园景区消费，支持清洁生产活动等。

4.3　预审核阶段技术要求

4.3.1　目的与要求

预审核阶段主要目的如下。

① 准确评估企业技术装备水平、产排污现状、资源能源消耗状况和管理水平、绿色消费宣传模式等。

② 发现存在的主要问题及清洁生产潜力和机会，确定审核重点。

③ 设置清洁生产审核目标。

④ 提出备选方案并实施显而易行的方案。

4.3.2　现状分析

4.3.2.1　城镇污水处理厂

(1) 概况

包括城镇污水处理厂名称、法人代表、地理位置、组织机构等情况。

(2) 运行状况

包括设计能力、污水实际处理量、污水处理主体工艺、进出水水质、主要污染物排放量、中控系统、在线监测系统、再生水工艺、再生水处理量等。

(3) 工艺流程

包括污水处理、污泥处理的工艺流程，污水处理和污泥处理的全过程所涉及的主要操作单元以及产排污节点。

(4) 主要设备

包括城镇污水处理厂的主要工艺设备以及辅助设备，包括提升泵、鼓风机、加药泵、污泥泵、曝气器、污泥脱水机、照明系统等。

(5) 资源、能源利用情况

统计近 3 年用能的数量（包括电力、热力、燃气、燃油等）、用水量以及药剂使用种类和数量，并说明热泵、沼气等的利用情况。

(6) 环境保护状况

重点考察污泥处理工艺、污泥处理量、污泥排放量、污泥含水率、再生水利用情况、臭气收集和处理、噪声治理的情况以及设施的运行情况，加强在线监测数据的分析。

(7) 管理状况

包括工艺运行管理、设备维护保养和水质、泥质监测等相关制度，药剂的采购、储存全过程管理状况，中控系统的运行情况，环境管理体系执行情况，员工节能环保意识水平，自行监测和信息公开等。

4.3.2.2 生活垃圾处理厂

（1）概况

包括生活垃圾处理厂名称、建成日期、使用年限、法人代表、地理位置、组织机构等情况。

（2）运行状况

包括设计处理能力、实际处理量、垃圾处理情况、污染物控制情况、在线监测情况、设备故障情况等。

（3）工艺流程

包括垃圾处理的主要工艺流程，污染物控制的主要流程（渗滤液处理工艺、填埋气处理工艺、焚烧炉烟气处理工艺等），垃圾处理的全过程所涉及的主要操作单元以及产排污节点。

（4）主要设备

包括垃圾处理厂的主要工艺设备以及辅助设备，即各类生产设备、污染物控制设备、监测设备和综合利用设备等。

（5）资源、能源利用情况

统计近 3 年能源使用量（包括电力、热力、燃气、燃油等）、用水量以及药剂使用种类和数量，并说明污水、填埋气和余热的综合利用情况。

（6）环境保护状况

重点考察污染的产生和控制情况，包括：生活垃圾填埋场渗滤液的收集、处理和利用情况，渗滤液的处理量、排放量和主要污染物的排放量，渗滤液处理系统的运行情况，恶臭控制情况，噪声治理情况，填埋气的收集、处理和利用情况等。

生活垃圾焚烧厂的焚烧炉烟气处理系统具体情况，包括处理规模、处理效果，炉渣和飞灰的产生量、处理处置方式，渗滤液的处理量、排放量和主要污染物的排放量，渗滤液处理系统的运行情况，恶臭控制情况，噪声治理情况等。

生活垃圾生化处理厂的废渣产生量、收集处理情况，渗滤液的处理量、排放量和主要污染物的排放量，渗滤液处理系统的运行情况，恶臭控制情况，噪声治理情况等。

生活垃圾转运站渗滤液的处理量、排放量和主要污染物的排放量，渗滤液处理系统的运行情况，恶臭控制情况，噪声治理情况等。

（7）管理状况

包括运行管理、设备维护保养和大气、恶臭、水质监测等相关管理制度，药剂的采购、储存全过程管理状况，环境管理体系执行情况，员工节能环保意识水平等。

4.3.2.3 公园景区

（1）概况

包括公园景区名称、地址、法人代表、占地面积、建筑面积、绿地面积、水域面积、采暖方式、组织机构等情况。

（2）服务运营状况

包括公园景区运行天数、接待游人数量等。

（3）服务流程

包括服务全过程所涉及的主要服务流程或方式以及产排污节点。

（4）主要建筑和设备

包括公园景区内的空调、照明灯具、水龙头、锅炉、交通工具、绿化灌溉设备和大型娱乐设备等。

（5）资源、能源利用情况

统计近3年各种能源使用量（包括电力、热力、燃气、燃油、煤等）和用水量（包括新鲜水用量和再生水用量）。

（6）环境保护状况

重点考察污染的产生和控制情况。包括污水收集和处理情况，雨水收集情况，锅炉废气治理情况，生活垃圾、绿化废物的收集和处理情况，植物病虫害防治情况，绿地有机肥施用情况，噪声达标情况等。

(7) 管理状况

包括设备维护保养等相关制度、环境管理体系认证情况、能源管理情况、绿色宣传情况、员工教育和培训情况等。

4.3.3 清洁生产水平评价

① 在资料调研、现场考察及专家咨询的基础上，对比水平较先进的城镇污水处理厂、生活垃圾处理厂、公园景区的能源和资源消耗、环境保护状况和管理水平，对现状进行初步评估。

② 对照相关标准，评价企业（单位）的污染物排放达标情况和清洁生产水平。

③ 对照《用能单位能源计量器具配备和管理通则》(GB 17167) 评价能源计量器具配备情况。

④ 在同类企业（单位）节能环保水平和本企业（单位）节能环保现状的调查基础上，对差距进行初步分析。评价企业（单位）在现有工艺、设备和管理水平下能源和资源消耗、产排污状况的真实性、合理性以及相关数据的可信性。

⑤ 评价企业执行国家及北京环保法规及排放标准的情况，包括水、气、噪声等污染物的排放标准及达标情况等。城镇污水处理厂污水排放执行《城镇污水处理厂水污染物排放标准》(DB11/ 890)，污泥泥质执行《城镇污水处理厂污泥泥质》(GB/T 24188)，其他企业（单位）污水排放执行《水污染物综合排放标准》(DB11/ 307)；大气污染物排放执行《大气污染物综合排放标准》(DB11/ 501) 和《锅炉大气污染物排放标准》(DB11/ 139)，恶臭污染物排放执行《恶臭污染物排放标准》(GB 14554)；噪声控制执行《工业企业厂界环境噪声排放标准》(GB 12348)、《建筑施工场界环境噪声排放标准》(GB 12523) 和《社会生活环境噪声排放标准》(GB 22337)。

4.3.4 确定审核重点

城镇污水处理厂的清洁生产审核重点应包括但不限于以下几个方面。

① 重点能耗环节（重点用能设备如预处理系统、曝气系统、污水提升系统、污泥脱水系统及其他高耗能设备和环节）。

② 重点水耗、药剂消耗环节（如污泥脱水间）。

③ 重点污染物易产生环节（如污泥脱水间产生恶臭、鼓风机房产生噪声）。

④ 其他有明显清洁生产机会的环节。

生活垃圾处理厂的清洁生产审核重点应包括但不限于以下几个方面。

① 重点能耗环节（重点用能设备，如渗滤液处理系统和提升系统、填埋作业系统、焚烧炉烟气处理系统、鼓风系统、分选和压缩系统等）。

② 重点水耗环节（如焚烧冷却系统等）。

③ 重点污染物易产生环节（如渗滤液处理过程、垃圾降解过程、烟气排放过程、固体废物处理过程等）。

④ 其他有明显清洁生产机会的环节。

公园景区的清洁生产审核重点应包括但不限于以下几个方面。

① 重点能耗环节（重点用能设备如空调等）。

② 重点水耗环节（如绿地用水、水体补水、各类用水器具等）。

③ 重点污染物易产生环节（如生活污水、锅炉废气、游人丢弃的垃圾、广播噪声、游人自带音响噪声等）。

④ 其他有明显清洁生产机会的环节。

4.3.5　设置清洁生产目标

针对审核重点设置清洁生产目标，并且应定量化、可测量、可操作，具有激励作用。

（1）城镇污水处理厂的清洁生产目标

应包括但不限于以下几个方面：

① 单位污水处理量耗电量；

② 单位干污泥量絮凝剂消耗量等。

（2）生活垃圾填埋场的清洁生产目标

应包括但不限于以下几个方面：

① 单位处理量综合能耗；

② 单位处理量素土消耗量；

③ 单位处理量新鲜水消耗量等。

（3）生活垃圾焚烧厂的清洁生产目标

应包括但不限于以下几个方面：

① 单位处理量综合能耗；

② 单位处理量新鲜水消耗量；

③ 单位上网发电量等。

(4) 生活垃圾生化处理厂的清洁生产目标

应包括但不限于以下几个方面：

① 单位处理量综合能耗；

② 单位处理量新鲜水消耗量等。

(5) 生活垃圾转运站的清洁生产目标

应包括但不限于以下几个方面：

① 单位处理量综合能耗；

② 单位处理量新鲜水消耗量等。

(6) 公园景区的清洁生产目标

应包括但不限于以下几个方面：

① 单位绿地面积用水量；

② 单位建筑面积综合能耗；

③ 绿化废物回收率；

④ 再生水利用率等。

4.4 审核阶段技术要求

4.4.1 目的与要求

审核阶段主要目的如下：收集审核重点资料，进行水平衡测试和能量平衡测试，分析能耗高、物耗高以及废物产生量大的原因。

4.4.2 城镇污水处理厂

4.4.2.1 能量测试

① 根据城镇污水处理厂实际情况以及审核工作的需要，进行必要的能量测试；在总体测试的基础上，重点开展预处理系统、生物处理系统、污泥处理系统等环节的能量测试工作。

城镇污水处理厂电平衡测试示意见图 4-2。

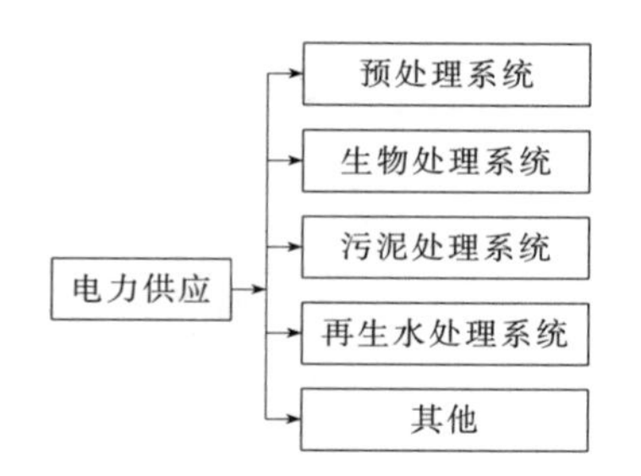

图 4-2　城镇污水处理厂电平衡测试示意

② 计算测试期间的单位污水处理量耗电量指标。

③ 参照国家和地方相关能耗定额等标准进行对标分析。

4.4.2.2　能耗高、物耗高、废物产生量大分析

系统分析城镇污水处理厂能耗高、物耗高和废物产生量大的原因。主要原因通常包括但不限于以下几个方面。

① 主要用能设备使用时间长，效率低。

② 曝气池曝气过量，导致鼓风机运行用能过高。

③ 污泥脱水机冲洗水未使用再生水，新鲜水用量大。

④ 照明系统未使用节能灯。

⑤ 絮凝剂效果不好，导致用量大。

⑥ 曝气设备老化，导致充氧效率不高。

⑦ 水、电等计量仪表不完善，不能对企业水耗、电耗等进行定量分析。

⑧ 污泥脱水机运行状况不好，导致污泥含水率高，耗电量大。

⑨ 能源环境管理体系不健全，无相关制度、机构和专职人员。

⑩ 培训力度低，员工节能减排意识差等。

4.4.3　生活垃圾处理厂

4.4.3.1　生活垃圾填埋场

（1）能量测试

① 根据生活垃圾填埋场实际情况以及审核工作的需要，进行必要的能

量测试；在总体测试的基础上，重点开展渗滤液处理系统、填埋气处理系统、填埋作业系统等测试工作。以电平衡测试为例，生活垃圾填埋场电平衡测试示意见图 4-3。

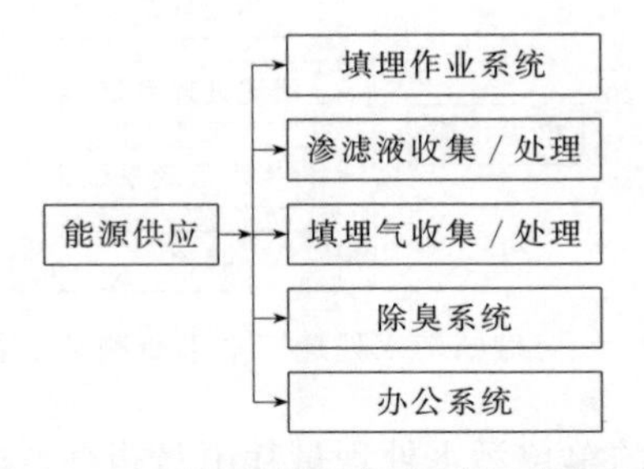

图 4-3　生活垃圾填埋场电平衡测试示意

② 计算测试期间的单位垃圾处理量耗电量指标。

③ 参照国家和地方相关能耗定额等标准进行对标分析。

(2) 水平衡测试

① 根据企业实际情况以及审核工作的需要，进行必要的水平衡测试。生活垃圾填埋场应重点关注保洁、中水利用、渗滤液处理等环节。

生活垃圾填埋场水平衡测试示意见图 4-4。

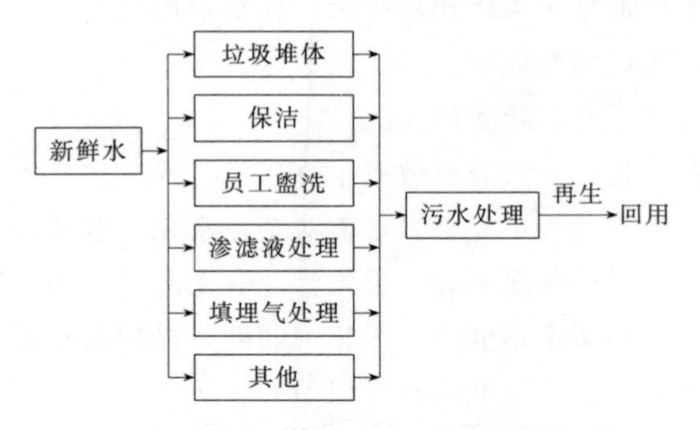

图 4-4　生活垃圾填埋场水平衡测试示意

计算测试期间的单位处理量取水量、水重复利用率、中水回用率等指标。

② 计算测试期间的单位垃圾处理量耗水量指标。

③ 参照国家和地方相关水耗定额等标准进行对标分析。

(3) 能耗高、物耗高、废物产生量大的原因分析

系统分析生活垃圾填埋场能耗高、物耗高和废物产生量大的原因。主要

原因包括但不限于以下几个方面。

① 主要用能设备运行状况不佳。

② 推土机碾压回程过多，导致推土机运行用能过高。

③ 办公和保洁冲洗水用自来水过多，中水利用较少，导致自来水消耗较多。

④ 照明系统未使用节能灯。

⑤ 除臭系统设置管道阻力大，加热温度较高，保温措施无效，导致电耗较高。

⑥ 水、电等计量仪表不完善，不能对企业水耗、电耗等进行定量分析。

⑦ 设备检修状况不好，导致维修停工次数和时间加多，能耗比较高。

⑧ 能源环境管理体系不健全，无相关制度、机构和专职人员。

⑨ 培训力度低，员工节能减排意识差。

4.4.3.2 生活垃圾焚烧厂

(1) 能量测试

① 根据生活垃圾焚烧厂实际情况以及审核工作的需要，进行必要的能量测试；在总体测试的基础上，重点开展预处理系统、焚烧系统、渗滤液处理系统、烟气处理系统、发电系统等环节的能量测试工作。以电平衡测试为例，生活垃圾焚烧厂电平衡测试示意见图 4-5。

② 计算测试期间的单位垃圾处理量耗电量指标。

③ 参照国家和地方相关能耗定额等标准进行对标分析。

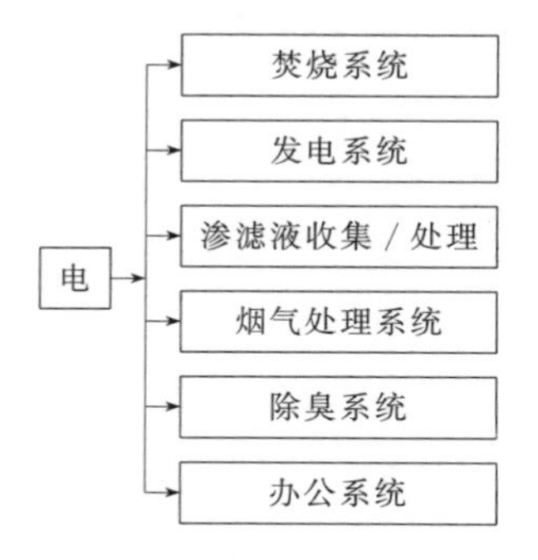

图 4-5　生活垃圾焚烧厂电平衡测试示意

(2) 水平衡测试

① 根据企业实际情况以及审核工作的需要，进行必要的水平衡测试。

生活垃圾焚烧厂应重点关注发电机组冷却水、锅炉循环水、炉渣冷却、烟气处理、再生水利用、渗滤液处理等环节。

生活垃圾焚烧厂水平衡测试示意见图 4-6。

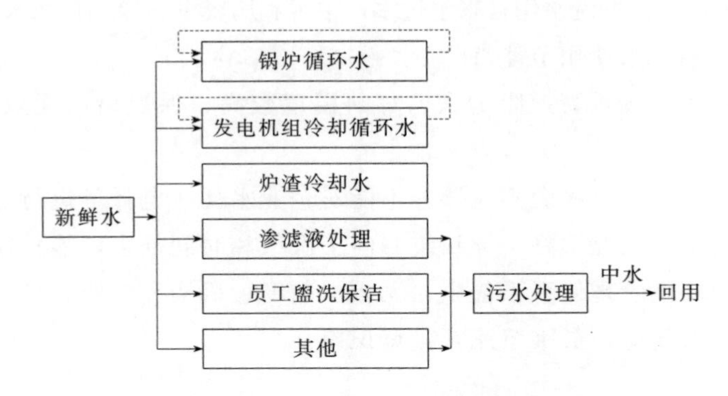

图 4-6　生活垃圾焚烧厂水平衡测试示意

② 计算测试期间的单位垃圾处理量耗水量指标。

③ 参照国家和地方相关水耗定额等标准进行对标分析。

(3) 能耗高、物耗高、废物产生量大的原因分析

系统分析生活垃圾焚烧炉能耗高、物耗高和废物产生量大的原因。主要原因包括但不限于以下几个方面。

① 主要用能设备运行状况不好，导致用能高。

② 锅炉用循环水补水过多，导致水耗过高。

③ 办公和保洁冲洗水用自来水过多，再生水利用较少，导致自来水消耗较多。

④ 照明系统未使用节能灯。

⑤ 除臭系统设置管道阻力大，加热温度较高，保温措施无效，导致电耗较高。

⑥ 焚烧炉鼓风量过大，导致电耗较多。

⑦ 水、电等计量仪表不完善，不能对企业水耗、电耗等进行定量分析。

⑧ 设备检修状况不好，导致维修停工次数和时间加多，能耗比较高。

⑨ 进场垃圾含水分过高，预处理温度较低和时间较短，脱水效果差，垃圾热值低造成能耗高。

⑩ 能源环境管理体系不健全，无相关制度、机构和专职人员。

4.4.3.3　生活垃圾生化处理厂

（1）能量测试

① 根据生活垃圾生化处理厂实际情况以及审核工作的需要，进行必要的能量测试；在总体测试的基础上，重点开展预处理系统、腐熟系统、渗滤液处理系统、臭气处理系统等测试工作。以电平衡测试为例，生活垃圾生化处理厂电平衡测试示意见图 4-7。

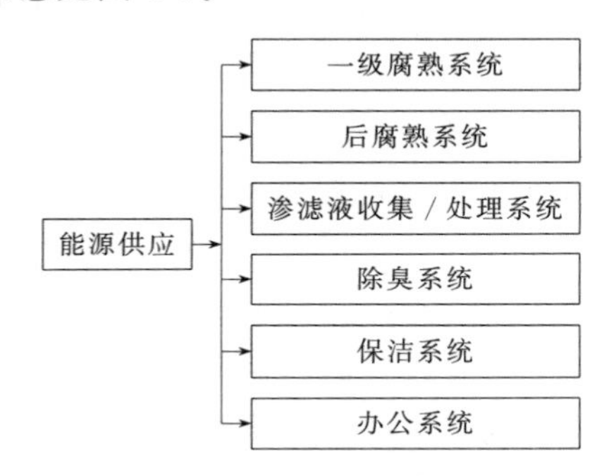

图 4-7　生活垃圾生化处理厂电平衡测试示意

② 计算测试期间的单位垃圾处理量耗电量指标。

③ 参照国家和地方相关能耗定额等标准进行对标分析。

（2）水平衡测试

① 根据企业实际情况以及审核工作的需要，进行必要的水平衡测试。生活垃圾生化处理厂应重点关注腐熟阶段、臭气处理、再生水利用、渗滤液处理等环节。生活垃圾生化处理厂水平衡测试示意见图 4-8。

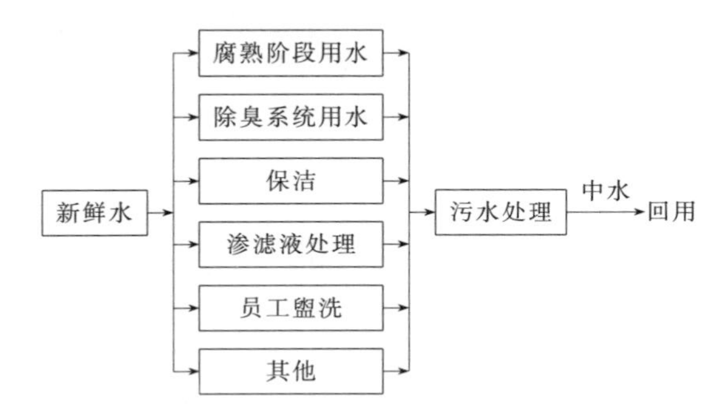

图 4-8　生活垃圾生化处理厂水平衡测试示意

② 计算测试期间的单位垃圾处理量耗水量指标。

③ 参照国家和地方相关水耗定额等标准进行对标分析。

（3）能耗高、物耗高、废物产生量大的原因分析

系统分析生活垃圾生化处理厂能耗高、物耗高和废物产生量大的原因。主要原因包括但不限于以下几个方面。

① 主要用能设备运行状况不好。

② 好氧发酵通风过多，导致电耗过高。

③ 办公和保洁冲洗水用自来水过多，再生水利用较少，导致自来水消耗较多。

④ 照明系统未使用节能灯。

⑤ 除臭系统设置管道阻力大，加热温度较高，保温措施无效，导致电耗较高。

⑥ 水、电等计量仪表不完善，不能对企业水耗、电耗等进行定量分析。

⑦ 设备检修状况不好，导致维修停工次数和时间加多，能耗比较高。

⑧ 进场垃圾含杂质过高，可堆腐成分低，造成能耗高。

⑨ 能源环境管理体系不健全，无相关制度、机构和专职人员。

⑩ 培训力度低，员工节能减排意识差。

4.4.3.4 生活垃圾转运站

（1）能量测试

① 根据生活垃圾转运站实际情况以及审核工作的需要，进行必要的能量测试；在总体测试的基础上，重点开展分选系统、压缩系统、渗滤液处理系统、臭气处理系统等环节的能量测试工作。以电平衡测试为例，生活垃圾转运站电平衡测试示意见图 4-9。

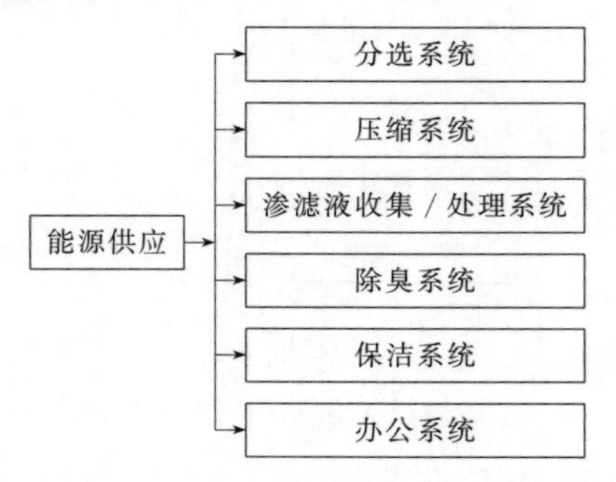

图 4-9 生活垃圾转运站电平衡测试示意

② 计算测试期间的单位垃圾处理量耗电量指标。

③ 参照国家和地方相关能耗定额等标准进行对标分析。

(2) 水平衡测试

① 根据企业实际情况以及审核工作的需要，进行必要的水平衡测试。生活垃圾转运站应重点关注分选系统、臭气处理系统、压缩系统、渗滤液处理等环节。

生活垃圾转运站水平衡测试示意见图 4-10。

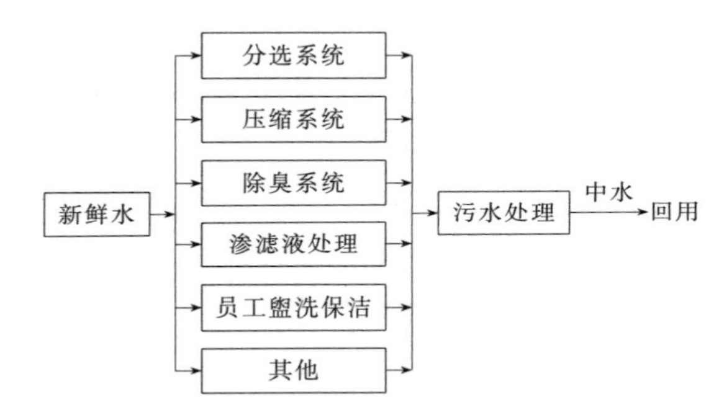

图 4-10　生活垃圾转运站水平衡测试示意

② 计算测试期间的单位垃圾处理量耗水量指标。

③ 参照国家和地方相关水耗定额等标准进行对标分析。

(3) 能耗高、物耗高、废物产生量大的原因分析

系统分析生活垃圾转运站能耗高、物耗高和废物产生量大的原因。主要原因包括但不限于以下几个方面。

① 主要用能设备状况不好，导致能耗过高。

② 办公和保洁冲洗水用自来水过多，再生水利用较少，导致自来水消耗较多。

③ 照明系统未使用节能灯。

④ 除臭系统设置管道阻力大，加热温度较高，保温措施无效，导致电耗较高。

⑤ 密闭系统风量过大，导致电耗较高。

⑥ 水、电等计量仪表不完善，不能对企业水耗、电耗等进行定量分析。

⑦ 设备检修状况不好，导致维修停工次数和时间加多，能耗比较高。

⑧ 能源环境管理体系不健全，无相关制度、机构和专职人员。

⑨ 培训力度低，员工节能减排意识差。

4.4.4 公园景区

4.4.4.1 水平衡测试

① 根据公园景区实际情况以及审核工作的需要，进行水平衡测试。公园景区应重点关注绿化、景观、盥洗、冲厕、空调、餐饮等环节。公园景区水平衡测试示意见图 4-11。

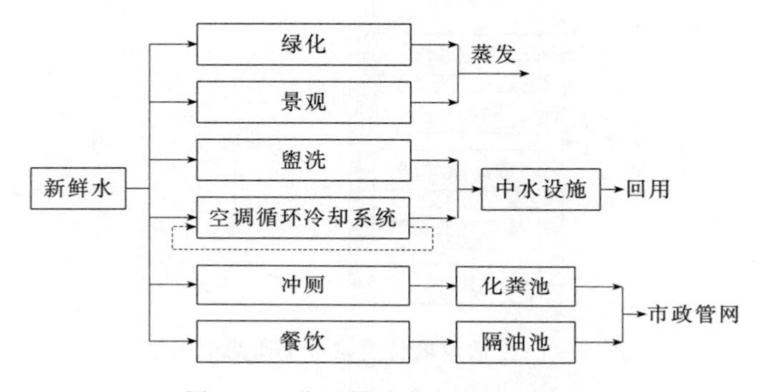

图 4-11　公园景区水平衡测试示意

② 计算测试期间的单位绿地面积取水量、再生水利用率等指标。

③ 参照国家和地方相关取水定额等标准进行对标分析。

4.4.4.2 能量测试

① 根据公园景区实际情况以及审核工作的需要，进行能量测试。重点开展空调系统、照明系统、给排水系统、办公设备等环节的能量测试工作。以电平衡测试为例，公园景区电平衡测试示意见图 4-12。

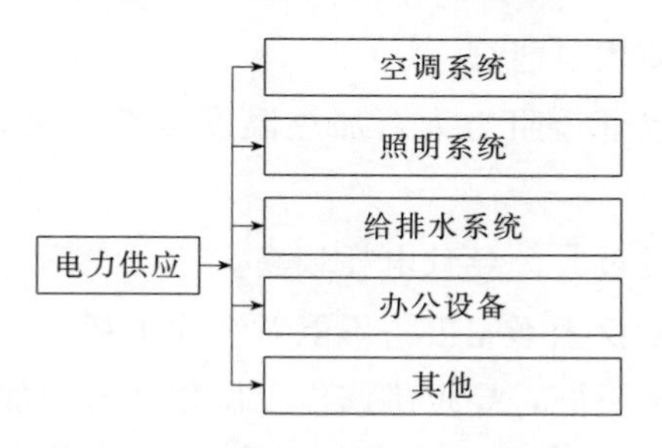

图 4-12　公园景区电平衡测试示意

② 计算测试期间的单位建筑面积电耗、单位建筑面积能耗等指标。

③ 参照国家和地方相关能耗定额等标准进行对标分析；其中，照明系统应参照《建筑照明设计标准》(GB 50034)。

4.4.4.3　能耗高、物耗高、废物产生量大的原因分析

系统分析公园景区能耗高、物耗高和废物产生量大的原因。主要原因包括但不限于以下几个方面。

① 空调系统、给排水系统、消防系统、供暖系统等设备陈旧老化，导致资源能源消耗量大。

② 无再生水设施，再生水设施不运行或运行率低。

③ 节水器具安装率低，存在使用淘汰设备等现象。

④ 办公、道路照明等未使用节能灯具。

⑤ 缺少有效措施，如倡导绿色宣传、绿色消费，导致游人乱扔垃圾的现象时有发生。

⑥ 水、电等计量仪表不完善，不能对水耗、电耗等进行定量分析。

⑦ 绿化废物缺少有效的处理和利用措施，废物资源利用率低。

⑧ 环境管理体系不健全，无相关制度、机构和专职人员。

⑨ 培训力度低，员工节能减排意识差。

⑩ 未能使用清洁能源（太阳能、天然气等），导致污染物排放量大，综合能耗高。

⑪ 绿化未使用市政中水。

⑫ 垃圾未分类收集。

4.5　方案的产生和筛选阶段技术要求

4.5.1　目的与要求

方案的产生和筛选阶段主要目的如下。

① 通过筛选确定清洁生产方案，筛选供下一阶段进行可行性分析的中/高费方案。

② 核定与汇总已实施无/低费方案的实施效果。

4.5.2 清洁生产方案特点

服务业清洁生产方案具有以下特点。

1）源头削减　通过使用无毒无害原辅材料和环境友好型产品、改变能源消费结构、引导绿色消费等措施，实现节能减排。

2）过程减量　通过优化服务流程、采用节能节水环保的技术装备、强化能源环境管理等措施，实现节能减排。

3）末端循环　通过采取废物资源化利用、废水回用、废物无害化处理等措施，实现节能减排。

4.5.3 方案产生方法

清洁生产方案的产生方法包括但不限于以下几种方法。

① 在全单位范围内进行宣传培训，鼓励全体员工提出清洁生产方案或合理化建议。

② 针对审核阶段的平衡分析结果产生方案。

③ 广泛收集国内外同行业、同类型企事业单位的清洁生产技术装备状况。

④ 参考国家和地方相关行业标准、技术规范等指导性文件。

⑤ 组织行业专家进行技术咨询。

4.5.4 典型清洁生产方案

环境及公共设施管理业清洁生产方案见表4-2～表4-4。

表4-2　城镇污水处理厂清洁生产参考方案

序号	部位和过程	清洁生产方案
1	进水系统	(1)更换提升泵,加装变频设备; (2)根据水位变化对泵的运行进行控制
2	曝气系统	(1)对曝气系统采用精细化控制; (2)曝气器更换为高效曝气器
3	生物处理系统	污水处理系统升级改造,提高氮、磷去除率
4	污泥处理	(1)污泥脱水机冲洗水采用再生水; (2)选用合适的絮凝剂,提高絮凝效果; (3)调整污泥脱水机参数,降低污泥含水率; (4)对污泥进行消化处理,产生沼气可以利用

续表

序号	部位和过程	清洁生产方案
5	计量设备	增设操作单元用电、用水计量设备
6	能源利用	使用污水源热泵，回收能量
7	监测	加强出水水质监测，保证对出水水质的监管
8	溶药系统	合理药剂配比，节约用水、用药
9	照明系统	使用节能灯具
10	设备定期保养	制订设备保养制度，定期对设备进行保养
11	运行资料管理	加强设备台账、设备运行记录、监测数据等各类资料管理，完善档案管理
12	员工岗位技术培训	对员工进行系统的岗位技术培训，包括日常操作、维修以及紧急情况处理等
13	严格岗位责任制	实行岗位责任制，加强岗位人员的考核
14	完善操作规程	制订和完善各单元的操作规程，规范操作

表4-3 生活垃圾处理厂清洁生产参考方案

序号	部位和过程	清洁生产方案
1	原料采购过程	(1)使用清洁能源，不使用毒性大、危险的原料； (2)对采购入厂的原辅材料严格检验，选择产地离企业近、便于储存的原料，合理控制原料的库存量
2	垃圾填埋技术工艺	选用先进工艺，合理布局工艺流程，节约输送管道，减少辅助材料用量，减少排放
3	作业设备管理	(1)加装计量仪器，增设操作单元用电、用水计量设备； (2)选用低能耗和环境友好型设备； (3)加强设备维护、保养
4	污染物排放	(1)对填埋气进行利用或处理； (2)渗滤液进行处理，减少污染物排放； (3)进行臭气控制，采取密闭化或除臭措施
5	运行管理过程	对各项污染物的排放严格控制
6	严格用水、用电管理	杜绝“长流水”“长明灯”以及“跑、冒、滴、漏”
7	流通管理	加强原料运输、储存、保管等全过程管理
8	设备定期保养	制订设备保养制度，定期对设备进行保养
9	员工岗位	(1)对员工进行系统的岗位技术培训，包括日常操作、维修以及紧急情况处理等； (2)实行岗位责任制，加强岗位人员的考核

表4-4 公园景区清洁生产参考方案

序号	部位和过程	清洁生产方案
1	空调	合理设定空调温度，节约用电

续表

序号	部位和过程	清洁生产方案
2	再生水利用	(1)建立雨水收集和利用设施,雨水用于园区绿化; (2)建设污水处理设施,配置相应的泵和管道,使用再生水进行绿化和景观补水; (3)有条件使用市政再生水的,如绿化、冲厕等使用再生水
3	用水器具	(1)用水器具改为节水型; (2)绿化灌溉设备用节水型
4	预防植物病虫害	(1)采用环保的方法,在预防植物病虫害方面利用挂人工鸟巢的方式招引大山雀、啄木鸟和灰喜鹊等益鸟; (2)采用物理防治; (3)使用低毒农药
5	节水型乡土植物	选用节水型乡土植物,节约浇灌用水
6	计量仪器	增设操作单元检测计量仪器
7	照明系统	对办公区域、道路照明的灯具进行改造,使用LED灯具或太阳能灯
8	厨房油烟	在餐厅厨房安装油烟净化装置,降低大气污染物排放量
9	绿化废物	回收利用绿化废物
10	园区噪声	采用低音响设备,避免噪声污染
11	交通工具	交通工具使用电、天然气等清洁能源
12	生活垃圾	园区配套足够数量的垃圾收集桶,并且标识"可回收物""不可回收物"或"纸类""玻璃""塑料""金属"等分类标志
13	用水、用电管理	杜绝长流水、长明灯以及"跑、冒、滴、漏"
14	员工岗位技术培训	培养员工清洁生产意识
15	设备定期维护保养	定期对生产设备进行检查、维护、保养

4.6 实施方案的确定阶段技术要求

4.6.1 目的与要求

方案确定阶段需要按技术评估→环境评估→经济评估的顺序对方案进行分析。技术评估不可行的方案，不必进行环境评估；环境评估不可行的方案，不必进行经济评估。技术评估应侧重方案的先进性和适用性。环境评估应侧重于方案实施后可能对环境造成的影响（如污染物排放量增加、能源资源消耗量增加等）。经济评估应侧重清洁生产经济效益的统计，包括直接效益和间接效益。

4.6.2 工作内容

市场调查需要进行市场需求调查和预测，确定备选方案和技术途径。

① 技术评估要求分析：工艺路线、技术设备的先进性和适用性；国家、行业相关政策的符合性；技术的成熟性、安全性和可靠性。

② 环境评估需要分析：能源结构和消耗量的变化；水资源消耗量的变化；原辅材料有毒有害物质含量的变化；废物产生量、排放量和毒性的变化，废物资源化利用变化情况；一次性消耗品减量化情况；操作环境是否对人体健康造成影响。

③ 经济评估需要采用现金流量分析和财务动态获利性分析方法，评价指标应包括但不限于：投资偿还期、净现值、净现值率、内部收益率。

可实施方案推荐应当汇总比较各投资方案的技术、环境、经济评估结果，确定最佳可行的推荐方案。

4.7 清洁生产方案的实施阶段技术要求

4.7.1 目的与要求

清洁生产方案的实施程序与一般项目的实施程序相同，参照国家、地方或部门的有关规定执行。总结方案实施效果时，应比较实施前与实施后，预期和实际取得的效果。总结方案实施对企业的影响时，应比较实施前后各种有关单耗指标和排放指标的变化。

4.7.2 工作内容

程序包括以下几个方面。

① 组织方案实施。

② 汇总已实施的无/低费方案的成果。

③ 通过技术评价、环境评价、经济评价和综合评价，评估已实施的中/高费方案的成果。

④ 通过汇总环境效益和经济效益，对比各项清洁生产目标的完成情况，评价清洁生产成果，分析总结已实施方案对企业的整体影响。

4.8 持续清洁生产阶段技术要求

4.8.1 目的与要求

持续清洁生产阶段的主要目的是在企业内完善清洁生产管理体系，及时将审核成果纳入有关操作规程、技术规范和其他日常管理制度，巩固成效，持续推进。

4.8.2 工作内容

① 建立和完善清洁生产组织，明确职责、落实任务，并确定专人负责。

② 建立和完善清洁生产管理制度，应当把审核方法纳入企业的日常管理，建立和完善清洁生产激励机制；在内部建立合理化建议机制；在外部强化与消费者的互动，探索与消费者共享节能减排效益的机制，保证稳定的清洁生产资金来源。从企业内部、金融机构、政府财政等方面获取资金支持。

③ 制订持续清洁生产计划，包括下一轮清洁生产审核工作计划、清洁生产方案的实施计划、清洁生产新技术的研究与开发计划、清洁生产培训宣传计划。

④ 编制清洁生产审核报告，目的在于总结本轮清洁生产审核成果，汇总分析各项调查、实测结果，寻找废物产生、资源能源消耗的原因和清洁生产机会，实施并评估清洁生产方案，建立和完善持续推行清洁生产机制。报告编制应在本轮审核全部完成时进行。

4.9 清洁生产审核工作清单

根据环境及公共设施管理行业特点，从影响企业运营的 8 个方面给出了设计示例，为行业企业开展清洁生产审核检查清单的编写提供示范。具体情况见表 4-5～表 4-7。

表 4-5　城镇污水处理厂清洁生产审核检查清单

	项　　目	检查结果
1	处理工艺、处理效果是否稳定	
2	废水排放去向？是否稳定达标	
3	是否建立岗位责任制？是否明确到人	
4	是否具有健全的设备维护保养制度？执行情况如何？“跑、冒、滴、漏”是否严重	
5	水、电等计量系统是否完备？是否工作正常	
6	是否发生环境投诉事件	
7	剩余污泥去向？外运污泥是否达标	
8	栅渣、初沉池污泥去向是否符合管理规定	
9	是否安装了节能灯具	
10	中控系统是否有效运行？关键设备和关键运行参数是否有数据记录	
11	是否有清洁生产宣传措施	
12	是否有臭气控制措施？设施是否运行正常	
13	是否有噪声控制措施？高噪声设备是否有降噪措施	
14	污泥脱水机是否用再生水冲洗	
15	是否有定期的全员培训机会和清洁生产培训内容	
16	是否制订长期的清洁生产计划	
17	是否建立完善的岗位责任制	
18	是否定期检查设备和管线以防“跑、冒、滴、漏”	
19	是否建立奖惩制度	
20	关键用能设备是否为节能设备？运行是否正常	
21	对生物反应池的溶解氧是否进行有效控制	
22	对进出水水质、污泥是否定期监测？是否设有自动监测系统	
23	运行记录和统计数据是否记录完善	
24	设备台账是否齐全	

表 4-6　生活垃圾处理厂清洁生产审核检查清单

		项　　目	检查结果
生活垃圾填埋场	1	垃圾年处理量	
	2	处理工艺、处理效果是否稳定	
	3	设备是否完好	

续表

项目			检查结果
生活垃圾填埋场	4	填埋场防渗系统是否合理	
	5	渗滤液是否有完善的收集导排及处理系统	
	6	是否具有雨污分流设施	
	7	是否设置了地下水监测井？数量？位置	
	8	作业过程是否符合要求？是否做到日覆盖	
	9	是否进行全密闭	
	10	素土消耗量	
	11	新鲜水用量	
	12	厂界环境空气排放情况	
	13	厂界噪声情况？是否有降噪措施？效果如何	
	14	污水处理工艺、处理效果？排放去向	
	15	地下水监测情况	
	16	设施运行负荷情况	
	17	填埋气收集情况？处理情况	
	18	是否有臭气控制措施？设施是否运行正常？效果如何	
	19	是否有在线监测系统？设备是否运行正常	
	20	是否利用再生水？用途	
	21	水、电等计量系统是否按不同用途安装	
	22	是否安装了节能灯具	
	23	中控系统是否有效运行？关键设备和关键运行参数是否有数据记录	
	24	是否通过环境管理体系认证	
	25	是否发生环境投诉事件	
	26	是否进行过相关清洁生产审核项目	
	27	运行记录和统计数据是否记录完善	
	28	设备台账是否齐全	
生活垃圾焚烧厂	1	垃圾年处理量	
	2	处理工艺、处理效果是否稳定	
	3	设备是否完好	
	4	每条焚烧线年运行时间	
	5	作业过程是否符合要求	
	6	是否控制炉内温度	
	7	活性炭消耗量	

续表

项　目			检查结果
生活垃圾焚烧厂	8	石灰消耗量	
	9	新鲜水消耗量	
	10	是否检测炉渣热灼减率	
	11	焚烧炉烟气排放情况	
	12	厂界环境空气排放情况	
	13	厂界噪声情况？是否有降噪措施？效果如何	
	14	污水处理工艺、处理效果？排放去向	
	15	单位上网发电量情况	
	16	是否配置烟气净化系统？效果如何	
	17	是否有在线监测系统？设备是否运行正常	
	18	是否有臭气控制措施？设施是否运行正常？效果如何	
	19	飞灰是否安全处置？如何处置	
	20	余热是否利用？用途	
	21	再生水是否利用？用途	
	22	是否有臭气控制措施？设施是否运行正常	
	23	是否有在线监测系统？设备是否运行正常	
	24	水、电等计量系统是否按不同用途安装	
	25	是否安装了节能灯具	
	26	中控系统是否有效运行？关键设备和关键运行参数是否有数据记录	
	27	是否通过环境管理体系认证	
	28	是否发生环境投诉事件	
	29	是否进行过相关清洁生产审核项目	
生活垃圾生化处理厂	1	垃圾年处理量	
	2	处理工艺、处理效果是否稳定	
	3	设备是否完好	
	4	水、电等计量系统是否齐备	
	5	新鲜水消耗量	
	6	作业过程是否符合要求	
	7	出渣率是多少	
	8	厂界环境空气排放情况	
	9	厂界噪声情况？是否有降噪措施？效果如何	
	10	污水处理工艺、处理效果？排放去向	

续表

		项　目	检查结果
生活垃圾生化处理厂	11	设施运行负荷率	
	12	是否进行全密闭	
	13	是否有在线监测系统？设备是否运行正常	
	14	产品是否利用？用途	
	15	再生水是否利用？用途	
	16	是否有臭气控制措施？设施是否运行正常？效果如何	
	17	是否进行过清洁生产审核	
	18	是否安装了节能灯具	
	19	中控系统是否有效运行？关键设备和关键运行参数是否有数据记录	
	20	是否通过环境管理体系认证	
	21	是否发生环境投诉事件	
生活垃圾转运站	1	垃圾年处理量？进站车辆、设备等技术资料是否齐全	
	2	处理工艺、处理效果是否稳定	
	3	设备是否完好	
	4	作业过程是否符合要求	
	5	建设规模是否合理？技术是否先进	
	6	箱体与压缩或压实填装设备对接怎样	
	7	转运站主体工程设施是否齐备？配套工程是否齐备	
	8	是否具有雨污分流设施	
	9	设施运行负荷率	
	10	是否进行全密闭	
	11	新鲜水消耗量	
	12	厂界环境空气排放情况	
	13	厂界噪声情况？是否有降噪措施？效果如何	
	14	污水处理工艺、处理效果？排放去向	
	15	是否有臭气控制措施？设施是否运行正常？效果如何	
	16	是否有在线监测系统？设备是否运行正常	
	17	再生水是否利用	
	18	是否有垃圾分选	
	19	是否通过环境管理体系认证	
	20	是否发生环境投诉事件	

表 4-7　公园景区清洁生产审核检查清单

	项　　目	检查结果
1	锅炉大气污染物是否达标排放	
2	排水是否为雨污分流	
3	植物病虫害防治是化学防治还是综合防治？若采用化学防治，是否使用高效低毒农药	
4	绿地是否施用有机肥	
5	公园景区噪声是否达标	
6	绿化废物是否能够回收	
7	园区再生水利用情况	
8	是否有垃圾分类收集设施	
9	垃圾是否采取了二次分拣	
10	是否有雨水收集与利用设施	
11	是否用节水器具	
12	照明系统是否为节能器具	
13	绿化灌溉设备是否为节水型	
14	计量系统是否齐备	
15	交通工具是否采用电、天然气等清洁能源	
16	园林植物类型是否符合北京市《节水型乡土植物资源发展名录》	
17	是否设置了环境、能源管理岗位，实行环境、能源管理岗位责任制	
18	重点用能系统、设备的操作岗位是否配备专业技术人员	
19	是否有健全的公共安全、食品安全、节能降耗、环保的规章制度	
20	是否通过 ISO 14001 环境质量管理体系认证	
21	是否有健全设备维护保养制度	
22	锅炉、餐饮等燃料是否使用清洁能源	
23	是否设置了绿色消费、环境保护等内容宣传栏	
24	是否定期开展员工清洁生产、环保等方面教育和培训	

参考文献

[1]　环境保护部清洁生产中心．清洁生产审核手册［M］．北京：中国环境出版社，2015.

[2] 杨丽丽，温勇，王炜，等．广东省城镇污水处理厂清洁生产审核关键因素研究［J］．广东化工，2012，39（10）：182-183，186.

[3] 尹发平．某城镇污水处理厂清洁生产审核分析［J］．广东化工，2013，6（40）：106-107.

[4] 柯思捷．清洁生产审核在污水处理厂的应用［J］．广东化工，2013，12（40）：144-145.

[5] 肖娜娜．城镇污水处理厂清洁生产审核指标体系及内容研究［J］．资源节约与环保，2013，6：18-19.

[6] 国家环境保护总局科技标准司．清洁生产审计培训教材［M］．北京：中国环境科学出版社，2001.

[7] 工业园区清洁生产与污染源控制技术研究与工程示范［J］．给水排水，2012，38（10）：9-13.

[8] 乔蓉娜．浅谈城市生活垃圾填埋场环境影响评价要点［J］．黑龙江环境通报，2012，36（3）：11-14.

[9] 刘欣艳，张旭，毕崇涛，等．北京市生活垃圾填埋场的清洁生产分析［J］．城市管理与科技，2014，3：36-38.

[10] 郭小品，羌宁，裴冰，等．城市生活垃圾堆肥厂臭气的产生及防控技术进展［J］．环境科学与技术，2007，30（6）：107-112.

[11] 梅燕．旅游景区可持续发展新论［J］．中南民族大学学报（人文社会科学版），2003，23（S2）：138-139.

[12] 陶卓民，芮晔．旅游景区清洁生产与可持续发展研究——以扬州凤凰岛景区为例［J］．中国人口．资源与环境，2002，12（3）：117-120.

第5章 环境及公共设施管理行业评价指标体系及评价方法

5.1 指标体系概述

目前，北京市于2015年颁布实施了《清洁生产评价指标体系 环境及公共设施管理业》（DB11/T 1262—2015）；其他地方无相关清洁生产评价指标体系。

《清洁生产评价指标体系 环境及公共设施管理业》（DB11/T 1262—2015）规定了环境及公共设施管理业清洁生产评价的指标体系、评价方法、指标计算方法与数据来源。该标准适用于环境及公共设施管理业中的城镇污水处理厂（设计处理能力大于1万吨/天）、生活垃圾处理厂以及公园景区的清洁生产审核、评估和绩效评价。

5.2 指标体系技术内容

5.2.1 标准框架

《清洁生产评价指标体系 环境及公共设施管理业》（DB11/T 1262—2015）的制定参照了《清洁生产评价指标体系编制通则》（试行稿）（2013年第33号公告），其主要框架包括前言、范围、规范性引用文件、术语和定义、评价指标体系、评价方法、指标计算方法及数据来源等方面的内容。

5.2.2 技术内容

《清洁生产评价指标体系 环境及公共设施管理业》（DB11/T 1262—2015）分别制定了城镇污水处理厂、生活垃圾处理厂和公园景区清洁生产评价指标体系。

5.2.2.1 城镇污水处理厂

城镇污水处理厂清洁生产评价指标体系见表 5-1。

表 5-1 城镇污水处理厂清洁生产评价指标体系

<table>
<tr><th>序号</th><th>一级指标</th><th>一级指标权重</th><th>二级指标</th><th>单位</th><th>二级指标权重</th><th>Ⅰ级基准值</th><th>Ⅱ级基准值</th><th>Ⅲ级基准值</th></tr>
<tr><td rowspan="5">1</td><td rowspan="5">生产工艺及装备指标</td><td rowspan="5">15</td><td>设备、仪表完好情况</td><td>—</td><td>3</td><td colspan="3">主要机械设备（格栅、泵、鼓风机及曝气系统、滗水器、污泥脱水机等）均无破损；主要技术参数达到设计要求；仪器仪表运行正常，满足工艺运行需要</td></tr>
<tr><td>水、电计量设备配置情况</td><td>—</td><td>3</td><td colspan="3">水、电计量设备齐全，符合 GB 17167 的要求</td></tr>
<tr><td>在线监测系统</td><td>—</td><td>3</td><td colspan="3">有进出水水质、水量在线监测设施，且运行良好</td></tr>
<tr><td>自动控制系统</td><td>—</td><td>3</td><td>曝气、提升系统的自动控制为多参数联合反馈控制，系统运行状况良好</td><td colspan="2">曝气、提升系统的自动控制为单参数反馈，系统运行状况良好</td></tr>
<tr><td>污泥处理系统</td><td>—</td><td>3</td><td>有完善的污泥消化、浓缩、脱水系统</td><td colspan="2">有完善的污泥浓缩脱水系统</td></tr>
<tr><td rowspan="3">2</td><td rowspan="3">资源能源消耗指标</td><td rowspan="3">28</td><td>单位污水处理量耗电量</td><td>kW·h/t</td><td>16</td><td>≤0.22</td><td>≤0.29</td><td>≤0.41</td></tr>
<tr><td>单位污水处理量化学除磷药剂用量（以 Al_2O_3 计）</td><td>g/t</td><td>6</td><td>≤4.3</td><td>≤5.6</td><td>≤8.5</td></tr>
<tr><td>单位干污泥量絮凝剂消耗量（按每吨 TS 计）</td><td>kg/t</td><td>6</td><td>≤2.63</td><td>≤3.56</td><td>≤4.40</td></tr>
</table>

续表

序号	一级指标	一级指标权重	二级指标	单位	二级指标权重	Ⅰ级基准值	Ⅱ级基准值	Ⅲ级基准值
3	资源综合利用指标	17	再生水利用情况	—	10	再生水回用于厂内,并提供厂外利用,且厂外利用率大于50%	再生水回用于厂内冲洗、绿地浇灌等	
			沼气利用情况	—	3	污泥消化后的沼气进行利用		
			水源热泵利用情况	—	4	利用污水源热泵有效回收能量		
4	污染物产生与排放指标	28	排水水质	—	12	满足 DB11/ 890 的规定		
			厂界噪声	—	4	满足 GB 12348 的规定		
			臭气治理	—	6	调节池、污泥脱水间等有臭气收集、净化处理装置,且运行有效		调节池、污泥脱水间等有抽气设施
			固体废物	—	6	栅渣、初沉池污泥由有资质的机构处置;污泥泥质符合 GB 24188,并安全处置;废试剂瓶、废矿物油等危险废物安全处置		
5	清洁生产管理指标	12	清洁生产审核情况	—	3	建立了专门的清洁生产审核机构,为企业制订了长远的清洁生产计划,已实施审核并有整改措施		
			质量管理体系	—	3	建立并通过认证(有效期内),并有效运行		
			原辅材料的管理情况	—	3	有完善的原辅材料的管理规章制度,并有效实施		
			工艺设备管理情况	—	3	建立相关设备管理制度,具有可操作性并有良好执行效果		

5.2.2.2　生活垃圾处理厂

生活垃圾处理厂清洁生产评价指标体系见表 5-2～表 5-5。

表 5-2　生活垃圾转运站清洁生产评价指标体系

序号	一级指标	一级指标权重	二级指标	单位	二级指标权重	Ⅰ级基准值	Ⅱ级基准值	Ⅲ级基准值
1	生产工艺及装备指标	29	主设备完好情况	—	10	各垃圾压缩装车系统、渗滤液处理系统、除臭系统停运检修次数均小于3次/年，年停运总时长均少于10天	各垃圾压缩装车系统、渗滤液处理系统、除臭系统停运检修次数均小于4次/年，年停运总时长均少于15天	各垃圾压缩装车系统稳定运行，停运检修次数均小于4次/年，年停运总时长均少于20天
			恶臭气体控制情况	—	8	生产线、车间全密闭，除臭系统有效运行		生产线配有除臭系统
			渗滤液收集处理情况	—	7	具有渗滤液减量措施，并对渗滤液进行收集处理，渗滤液处理系统水质和出水率符合CJJ 150要求		
			在线监测系统	—	4	有大气和污水在线监测系统		
2	资源能源消耗指标	25	单位垃圾处理量综合能耗（按标准煤计）	kg/t	16	有分选系统		
						≤5.86	≤6.21	≤6.90
						无分选系统		
						≤1.39	≤1.47	≤1.63
			单位垃圾处理量新鲜水消耗量	m^3/t	9	≤0.06	≤0.12	≤0.14
3	资源综合利用指标	13	资源回收情况	—	7	垃圾分选措施包括风选、磁选，分选后符合工艺要求		具有垃圾分选措施
			再生水利用情况	—	6	再生水利用率大于90%		再生水用于保洁或绿化
4	污染物产生与排放指标	24	厂界环境空气污染物浓度	—	10	符合DB11/ 501及相关标准的要求		
			污水排放浓度	—	10	符合DB11/ 307及相关标准的要求		
			厂界噪声	—	4	符合GB 12348及相关标准的要求		
5	清洁生产管理指标	9	开展清洁生产审核情况	—	2	建立专门的清洁生产审核机构，已实施审核并有整改措施，记录完整；企业制订长远的清洁生产计划，员工知晓清洁生产要求		
			环境管理体系认证情况	—	2	建立环境管理体系并在认证有效期内，记录完整		
			节能减排管理及执行情况	—	2	建立节能减排管理制度，具可操作性，执行效果良好		
			原辅材料的管理情况	—	1	建立原辅材料的管理制度，并有效实施		
			工艺设备管理情况	—	1	建立设备管理制度，具可操作性，执行效果良好		
			对外信息公示	—	1	具有对外信息公布平台，信息及时更新		

表 5-3　生活垃圾填埋场清洁生产评价指标体系

序号	一级指标	一级指标权重	二级指标	单位	二级指标权重	Ⅰ级基准值	Ⅱ级基准值	Ⅲ级基准值
1	生产工艺及装备指标	27	主设备完好情况	—	6	填埋作业系统正常运行;污水处理系统、填埋气收集处理系统停运检修次数均小于 3 次/年,年停运总时长均少于 10 天	填埋作业系统正常运行;污水处理系统、填埋气收集处理系统停运检修次数均小于 3 次/年,年停运总时长均少于 20 天	填埋作业系统正常运行;污水处理系统、填埋气收集处理系统停运检修次数均小于 4 次/年,年停运总时长均少于 30 天
			场底防渗情况	—	5	场底防渗符合 CJJ 113		
			填埋气收集处理情况	—	6	垃圾堆体密闭,填埋气收集系统有效运行;恶臭污染源密闭,恶臭气体经处理达标排放		填埋气经收集处理排放
			渗滤液收集处理情况	—	6	具有渗滤液减量措施,并对渗滤液进行收集处理,渗滤液处理系统水质和出水率符合 CJJ 150 要求		
			在线监测系统	—	4	有大气和污水在线监测系统		
2	资源能源消耗指标	26	单位垃圾处理量综合能耗(按标准煤计)	kg/t	14	≤0.80	≤0.90	≤1.20
			单位垃圾处理量素土消耗量	m^3/t	6	≤0.08	≤0.13	≤0.15
			单位垃圾处理量新鲜水消耗量	m^3/t	6	≤0.02	≤0.03	≤0.05
3	资源综合利用指标	13	再生水利用情况	—	5	再生水利用率大于 90%		再生水用于保洁或绿化
			填埋气利用情况	—	8	填埋气发电或填埋气深加工		有填埋气利用系统
4	污染物产生与排放指标	25	厂界环境空气污染物浓度	—	8	符合 DB11/ 501 及相关标准的要求		
			地下水监测	—	8	符合 GB/T 14848 及相关标准的要求		
			污水排放污染物浓度	—	6	符合 DB11/ 307 及相关标准的要求		
			厂界噪声	—	3	符合 GB 12348 及相关标准的要求		

续表

序号	一级指标	一级指标权重	二级指标	单位	二级指标权重	Ⅰ级基准值	Ⅱ级基准值	Ⅲ级基准值
5	清洁生产管理指标	9	开展清洁生产审核情况	—	2	建立专门的清洁生产审核机构，已实施审核并有整改措施，记录完整；企业制订长远的清洁生产计划，员工知晓清洁生产要求		
			环境管理体系认证情况	—	2	建立环境管理体系并在认证有效期内，记录完整		
			节能减排管理及执行情况	—	2	建立节能减排管理制度，具可操作性，执行效果良好		
			原辅材料的管理情况	—	1	建立原辅材料的管理制度，并有效实施		
			工艺设备管理情况	—	1	建立设备管理制度，具可操作性，执行效果良好		
			对外信息公示	—	1	具有对外信息公布平台，信息及时更新		

表 5-4　生活垃圾生化处理厂清洁生产评价指标体系

序号	一级指标	一级指标权重	二级指标	单位	二级指标权重	Ⅰ级基准值	Ⅱ级基准值	Ⅲ级基准值
1	生产工艺及装备指标	28	主设备完好情况	—	8	堆肥系统运行正常；除臭系统、渗滤液处理系统停运检修次数均小于3次/年，年停运总时长均少于10天	堆肥系统运行正常；除臭系统、渗滤液处理系统停运检修次数均小于3次/年，年停运总时长均少于20天	堆肥系统运行正常；除臭系统、渗滤液处理系统停运检修次数均小于4次/年，年停运总时长均少于30天
			渗滤液收集处理情况	—	7	具有渗滤液减量措施，并对渗滤液进行收集处理，渗滤液处理系统水质和出水率符合CJJ 150要求		
			恶臭气体控制情况	—	9	垃圾储存仓、降解仓、渗滤液处理全密闭，具有除臭系统		垃圾储存仓、降解仓全密闭，有除臭系统
			在线监测系统	—	4	有大气和污水在线监测系统		
2	资源能源消耗指标	26	单位垃圾处理量综合能耗（按标准煤计）	kg/t	16	好氧发酵		
						≤3.20	≤4.24	≤5.17
						厌氧消化		
						≤5.42	≤7.16	≤8.64
			单位垃圾处理量新鲜水消耗量	m^3/t	10	≤0.060	≤0.063	≤0.070

续表

序号	一级指标	一级指标权重	二级指标	单位	二级指标权重	Ⅰ级基准值	Ⅱ级基准值	Ⅲ级基准值
3	资源综合利用指标	13	产物利用情况	—	8	产物利用率 90%以上		产物有利用渠道
			再生水利用情况	—	5	再生水利用率大于 90%		再生水用于保洁或绿化
4	污染物产生与排放指标	24	厂界环境空气污染物浓度	—	10	符合 DB11/ 501 及相关标准的要求		
			污水排放浓度	—	10	符合 DB11/ 307 及相关标准的要求		
			厂界噪声	—	4	符合 GB 12348 及相关标准的要求		
5	清洁生产管理指标	9	开展清洁生产审核情况	—	2	建立专门的清洁生产审核机构，已实施审核并有整改措施，记录完整；企业制订长远的清洁生产计划，员工知晓清洁生产要求		
			环境管理体系认证情况	—	2	建立环境管理体系并在认证有效期内，记录完整		
			节能减排管理及执行情况	—	2	建立节能减排管理制度，具可操作性，执行效果良好		
			原辅材料的管理情况	—	1	建立原辅材料的管理制度，并有效实施		
			工艺设备管理情况	—	1	建立设备管理制度，具可操作性，执行效果良好		
			对外信息公示	—	1	具有对外信息公布平台，信息及时更新		

表 5-5　生活垃圾焚烧厂清洁生产评价指标体系

序号	一级指标	一级指标权重	二级指标	单位	二级指标权重	Ⅰ级基准值	Ⅱ级基准值	Ⅲ级基准值
1	生产工艺及装备指标	30	主设备完好情况	—	6	各焚烧线停运检修次数均小于 2 次/年；各焚烧线年运行时间≥8300h	各焚烧线停运检修次数均小于 3 次/年；各焚烧线年运行时间≥8200h	各焚烧线停运检修次数均小于 4 次/年；各焚烧线年运行时间≥8000h
			烟气温度	℃	4	烟气温度符合 GB 18485		
			烟气停留时间	s	4	烟气停留时间符合 GB 18485		
			烟气净化系统配置情况	—	8	符合 CJJ 90 烟气净化的要求		
			渗滤液收集处理情况	—	4	具有渗滤液减量措施，并对渗滤液进行收集处理，渗滤液处理系统水质和出水率符合 CJJ 150 要求		
			在线监测系统	—	4	有烟气、大气和污水在线监测系统		

续表

序号	一级指标	一级指标权重	二级指标	单位	二级指标权重	Ⅰ级基准值	Ⅱ级基准值	Ⅲ级基准值
2	资源能源消耗指标	23	单位垃圾处理量综合能耗（按标准煤计）	kg/t	12	≤5.15	≤5.80	≤5.83
			单位垃圾处理量新鲜水消耗量	m^3/t	11	≤1.21	≤1.28	≤1.42
3	资源综合利用指标	14	单位垃圾处理量上网电量	kW·h/t	8	≥320	≥300	≥280
			余热利用情况	—	4	发电后乏汽余热再发电、制冷、供热		发电后乏汽余热有利用措施
			再生水利用情况	—	2	再生水利用率大于90%		再生水用于保洁或绿化
4	污染物产生与排放指标	24	厂界环境空气污染物浓度	—	8	符合DB11/ 501及相关标准的要求		
			烟气排放浓度	—	8	符合DB11/ 502及相关标准的要求		
			污水排放浓度	—	5	符合DB11/ 307及相关标准的要求		
			厂界噪声	—	3	符合GB 12348及相关标准的要求		
5	清洁生产管理指标	9	开展清洁生产审核情况	—	2	建立专门的清洁生产审核机构，已实施审核并有整改措施，记录完整；企业制订长远的清洁生产计划，员工知晓清洁生产要求		
			环境管理体系认证情况	—	2	建立环境管理体系并在认证有效期内，记录完整		
			节能减排管理及执行情况	—	2	建立节能减排管理制度，具可操作性，执行效果良好		
			原辅材料的管理情况	—	1	建立原辅材料的管理制度，并有效实施		
			工艺设备管理情况	—	1	建立设备管理制度，具可操作性，执行效果良好		
			对外信息公示	—	1	具有对外信息公布平台，信息及时更新		

5.2.2.3 公园景区

公园景区的清洁生产评价指标体系见表5-6。

表 5-6　公园景区清洁生产评价指标体系

序号	一级指标	一级指标权重	二级指标	单位	二级指标权重	Ⅰ级基准值	Ⅱ级基准值	Ⅲ级基准值
1	资源能源消耗指标	28	单位绿地面积用水量	$m^3/(m^2 \cdot a)$	14	≤0.06	≤0.12	≤0.35
			单位建筑面积综合能耗(按标准煤计)	$kg/(m^2 \cdot a)$	14	≤3.00	≤8.00	≤18.00
2	污染物控制指标	20	锅炉大气污染物排放情况	—	6	满足 DB11/ 139 要求		
			雨污分流情况	—	8	排水系统为雨污分流		
			公园水体水质	—	6	公园水体水质满足 GB 3838 要求		
3	资源综合利用指标	24	园林绿化废物回收情况	%	8	园林绿化废物全部回收		
			再生水利用率	%	6	≥80	≥50	≥30
			垃圾分类收集设施建设及管理情况	—	5	标注“纸类”“玻璃”“塑料”“金属”等分类标志		标注“可回收”“不可回收”等分类标志
			雨水收集与利用设施建设情况	—	5	建设有雨水收集与利用设施		
4	装备指标	16	节水器具	—	3	符合 CJ/T 164 要求		
			照明系统	—	3	办公照明使用节能灯，道路照明使用太阳能灯		办公照明和道路照明使用节能灯
			绿化灌溉设备	—	4	采用喷灌、滴灌等节水灌溉设备		
			计量系统	—	3	符合 GB 17167 的要求		
			绿色交通工具使用情况	—	3	公园景区内交通工具采用电、天然气等清洁能源		
5	清洁生产管理指标	12	组织机构	—	2	设置环境、能源管理岗位，实行环境、能源管理岗位责任制；重点用能系统、设备的操作岗位配备专业技术人员		
			管理制度	—	2	有明确环境目标和行动措施；有健全的公共安全、食品安全、节能降耗、环保的规章制度；有定期检查目标实现情况及规章制度执行情况的记录		
			设备维护保养制度	—	2	具有健全的设备维护保养制度，并有效实施		
			能源管理	—	2	燃料使用类型为清洁能源，如天然气、液化石油气、电力等		
			有机肥施用情况	—	2	园林植物施用有机肥		
			宣传情况	—	1	设置绿色消费、环境保护等内容宣传栏		
			员工教育和培训情况	—	1	定期开展员工清洁生产、环保等方面教育和培训		

5.3 指标体系技术依据

5.3.1 城镇污水处理厂技术内容确定依据

5.3.1.1 指标分类

(1) 资源和能源消耗指标

北京市城镇污水处理厂的二级生物处理单元是整个污水处理厂的最大耗能单元，占到整个污水处理厂能耗的50%以上，其次是预处理和污泥处理单元。预处理单元中进水泵是最大的耗能设备，二级处理单元中鼓风机是最大的耗能设备。通过对调研数据的研究分析，采用单位污水处理量耗电量作为能源消耗评价指标。

城镇污水处理厂的资源消耗包括水和药剂消耗。因新鲜用水量较小，不制定用水指标。北京市污水处理厂普遍使用絮凝剂PAM，主要是污泥脱水用，基本都是阳离子型，将单位干污泥量絮凝剂消耗量作为资源消耗指标。此外，北京市城镇污水处理厂化学除磷主要用铝盐，将单位污水处理量化学除磷药剂用量作为资源消耗指标。

(2) 资源综合利用指标

污水处理厂内的冲洗设备、绿化等用水利用再生水可以节省新鲜用水的消耗，药剂的配制也可以利用再生水。

污泥经厌氧发酵产生的沼气用于发电，为污水处理厂提供一部分电力，还可以用余热加热污泥，也可以用来作锅炉燃料。

污水源热泵技术可以回收污水中的能量，用于污水处理厂的供热或制冷，节省电能消耗。

(3) 污染物产生与排放指标

城镇污水处理厂作为城市的基础设施，接纳城镇生活污水和工业废水，其首要任务是保证出水水质稳定达标。因其来水水量和水质不是城镇污水处理厂自身所能控制，因此标准中不制定污染物的产生指标，只制定污染物排放的定性指标。

5.3.1.2 指标基准值的确定

定量指标的评价基准值选取行业内的先进水平，即对于正向指标，评价基准值采用城镇污水处理厂能达到的较大值；对于逆向指标，评价基准值采用城镇污水处理厂能达到的较小值。

(1) 单位污水处理量耗电量

1) 指标值的确定 Ⅰ级基准值选取 5%企业能达到的水平，为 0.22kW·h/t；Ⅱ级基准值选取 20%企业能达到的水平，为 0.29kW·h/t；Ⅲ级基准值选取 50%企业能达到的水平，为 0.41kW·h/t。

2) 与《城镇污水处理能源消耗限额》(DB11/T 1118—2014) 的比较 因《城镇污水处理能源消耗限额》(DB11/T 1118—2014) 能耗统计范围不包括污泥脱水处理部分，本标准中能耗基准值比《城镇污水处理能源消耗限额》(DB11/T 1118—2014) 中能耗限额的先进值稍大。

(2) 单位干污泥量絮凝剂消耗量

根据相关研究，结合调研实际情况，并考虑到目前污水处理厂絮凝剂用量的实际水平，单位干污泥量絮凝剂消耗量Ⅰ级基准值（按每吨 TS 计）选取 2.63kg/t，Ⅱ级基准值（按每吨 TS 计）选取 3.56kg/t，Ⅲ级基准值（按每吨 TS 计）选取 4.40kg/t。

(3) 单位污水处理量化学除磷药剂用量（以 Al_2O_3 计）

北京市城镇污水处理厂的进水磷含量为 6～7mg/L，生物除磷可以去除 4～5mg/L，考虑到出水磷浓度要求高，投加系数取 1.5，则需要 Al_2O_3 4.3mg/L，即 4.3g/t，将 4.3g/t 设为Ⅰ级基准值。投加系数为 2 时，Al_2O_3 的用量 5.6g/t 设为Ⅱ级基准值。投加系数为 3 时，Al_2O_3 的用量 8.5g/t 设为Ⅲ级基准值。

5.3.2 生活垃圾处理厂技术内容确定依据

5.3.2.1 指标体系和指标的设置

(1) 生活垃圾填埋场

1) 生产工艺及装备指标 场底防渗、渗滤液收集处理设施、填埋气收集处理设施是控制填埋场渗滤液和填埋气污染的重要设施，可以有效控制填埋场污染物的排放，减少环境污染。主设备、在线监测系统情况完好可以保证填埋场的有效运行。

由于生活垃圾中有机物的好氧和厌氧分解，生活垃圾填埋场释放大量的填埋气，填埋气的主要成分为甲烷和二氧化碳；另有一些含量很低的挥发性有机物，例如氨气、氮氧化物、硫化物、氯化物等；还有一些含量更低的恶臭气体（比如硫醚、硫醇等）产生恶臭污染，控制填埋气的有效措施是对填埋堆体采用膜覆盖方式对填埋场实施密闭化，建设填埋气收集和处理系统。渗滤液也是在生活垃圾降解过程中产生的，污染物浓度高，处理难度大。渗滤液的污染控制主要是防止其对地下水和地表水的污染，主要措施就是填埋场的底部防渗和渗滤液处理达标排放。

2）资源能源消耗指标　北京市生活垃圾填埋场的能源消耗主要是汽油、柴油和电。填埋场的主要耗电系统是渗滤液和填埋气的收集处理系统。填埋场的油料消耗主要用于填埋作业过程的推土机和压实机。

资源消耗主要体现在填埋场的素土用量、除臭剂和水的消耗上。随着垃圾筑坝工艺的创新替代了黄土筑坝，填埋场的用土量已经逐步减少。水主要是用在清洗、保洁方面，由于渗滤液处理后中水在场区内的循环利用，水消耗量也逐步减少。

3）资源综合利用指标　生活垃圾填埋场的资源综合利用主要是再生水和填埋气的利用。再生水可回用于保洁、降尘、绿化等；填埋气利用主要是用作燃料、发电或深加工。

4）污染物产生与排放指标　生活垃圾填埋场不易制定污染物产生指标，因此污染物产生与排放指标的内容主要是排放指标。

（2）生活垃圾生化处理厂

1）资源能源消耗指标　北京市生活垃圾生化处理厂的能源消耗主要是汽油、柴油和电，汽油、柴油主要用于作业车、提升泵。电主要用于加热保温、鼓风、运送。资源消耗主要是自来水和除臭剂，用水主要是在清洗、保洁方面。

2）资源综合利用指标　生活垃圾生化处理厂主要是堆肥厂，其产品为肥料，资源综合利用指标包括产品利用情况、再生水利用情况。

（3）生活垃圾焚烧厂

1）生产工艺及装备指标　炉内温度、炉内停留时间是控制二噁英的重要手段，烟气净化系统是保证焚烧气体污染物达标排放的重要措施，对于生活垃圾焚烧厂的污染控制具有重要作用。

2）资源能源消耗指标　北京市生活垃圾焚烧厂的能源消耗主要是汽油、柴油和电。电主要用于鼓风、物料运送、渗滤液收集处理、焚烧炉加热、烟尘治理。焚烧炉耗电量与进炉垃圾的含水率有直接关系，而垃圾前处理耗电量也和垃圾中的含水率有直接关系。汽油、柴油主要用于作业车、提升泵、焚烧炉点火。用水主要是用在冷却、清洗、保洁等方面。

3）资源综合利用指标　生活垃圾焚烧厂的资源利用包括焚烧发电、烟气余热利用以及再生水的利用等。

5.3.2.2　指标基准值的确定

(1) 生活垃圾转运站

依据调查数据，用排队取行业中前 50%的方法，确定出综合能耗Ⅲ级基准值（按标准煤计）为 1.63kg/t，新鲜水消耗量Ⅲ级基准值为 0.14m^3/t；用排队取行业中前 20%的方法，确定出综合能耗Ⅱ级标准的基准值（按标准煤计）为 1.47kg/t，新鲜水消耗量Ⅱ级基准值为 0.12m^3/t；用排队取行业中前 5%的方法，确定出综合能耗Ⅰ级标准的基准值（按标准煤计）为 1.39kg/t，新鲜水消耗量Ⅰ级基准值为 0.06m^3/t。

转运站有无分选措施对能耗影响较大，大约为 2 倍，所以具有分选措施的转运站综合能耗Ⅲ级基准值（按标准煤计）设定为 6.90kg/t；Ⅱ级基准值为Ⅲ级基准值（按标准煤计）降低 10%，即 6.21kg/t；Ⅰ级基准值（按标准煤计）为Ⅲ级基准值降低 15%，即 5.86kg/t。

(2) 生活垃圾填埋场

依据调查数据，用排队取行业中前 50%的方法，确定出综合能耗Ⅲ级基准值（按标准煤计）为 1.20kg/t，新鲜水消耗量Ⅲ级基准值为 0.05m^3/t，素土消耗量Ⅲ级基准值为 0.15m^3/t；用排队取行业中前 20%的方法，确定出综合能耗Ⅱ级基准值（按标准煤计）为 0.90kg/t，新鲜水消耗量Ⅱ级基准值为 0.03m^3/t，素土消耗量Ⅱ级基准值为 0.13m^3/t；用排队取行业中前 5%的方法，确定出综合能耗Ⅰ级基准值（按标准煤计）为 0.80kg/t，新鲜水消耗量Ⅰ级基准值为 0.02m^3/t，素土消耗量Ⅰ级基准值为 0.08m^3/t。

（3）生活垃圾生化处理厂

北京市好氧处理堆肥厂综合能耗的平均值（按标准煤计）为 5.92kg/t，与《生活垃圾生化处理能源消耗限额》（DB11/T 1120—2014）标准中的现有生活垃圾生化处理设施能耗限额限定值的基准值（按标准煤计）5.17kg/t 相近，取该基准值作为Ⅲ级基准值。依据调查数据，取技术较为先进的堆肥厂数据（按标准煤计）3.20kg/t 作为Ⅰ级基准值；Ⅱ级基准值取现有堆肥厂能耗的算术平均值（按标准煤计）为 4.24kg/t。

北京市堆肥厂新鲜水消耗量差别不大，取平均值作为Ⅲ级基准值，Ⅱ级基准值取Ⅲ级基准值降低 10%；Ⅰ级基准值取Ⅲ级基准值降低 15%。

取北京餐厨垃圾厌氧发酵设施 3 年能耗平均值作为Ⅲ级能耗基准值，Ⅱ级能耗基准值设定为餐厨垃圾处理厂能耗的平均值，Ⅰ级能耗基准值设定为餐厨垃圾处理厂能耗的最低值。

餐厨垃圾处理厂与生活垃圾堆肥厂新鲜水消耗量差别不大，取值相同。

（4）生活垃圾焚烧厂

将《生活垃圾焚烧处理能源消耗限额》（DB11/T 1234—2015）中的现有生活垃圾焚烧处理设施能耗限额限定值的基准值作为Ⅲ级基准值；北京垃圾焚烧厂当前能耗作为Ⅱ级能耗基准值；以较好的外埠和国外的焚烧厂数据作为Ⅰ级基准值。

新鲜水消耗量Ⅲ级基准值取北京垃圾焚烧厂的数据，Ⅱ级基准值取Ⅲ级基准值降低 10%，Ⅰ级基准值取Ⅲ级基准值降低 15%。

依据《国家发展改革委关于完善垃圾焚烧发电价格政策的通知》（发改价格〔2012〕801 号）制定单位上网发电量指标三级基准值。经调查，南方垃圾发电厂单位上网发电量可以达到 330kW・h/t，考虑到北京环保压力较大、自耗电较高，把 320kW・h/t 设置为Ⅰ级指标，Ⅱ级基准值介于Ⅰ级和Ⅲ级之间。

5.3.3 公园景区技术内容确定依据

5.3.3.1 指标体系的框架和指标设置

（1）资源与能源消耗指标

由于公园景区的用水量与绿化面积、水系面积、游客量密切相关，为了客观评价公园景区用水情况，选取单位绿化面积用水量作为公园景区水耗评价指标。

公园景区的能耗主要包括供暖、日常用电、餐饮炊事，以单位建筑面积综合能耗作为能源消耗指标。

（2）污染物控制指标

设定雨污分流情况和公园水体水质要求。雨污分流便于雨水收集利用和集中管理排放，可以避免雨污合流造成污水处理设施的负荷增大和雨季可能发生的污水直排现象。

各公园景区垃圾产生量差异显著，垃圾产生量由游客数量、游客在公园景区游玩时间长短决定，公园景区只能引导游客不要乱扔垃圾、配置垃圾分类收集设施。因此，不设定固体废物控制指标，只对垃圾分类收集设施建设及管理情况加以规定。

（3）装备要求指标

节水器具主要是节水龙头的使用；照明系统主要是公园景区的办公区域和道路照明等使用节能灯；绿化灌溉设备可以采用滴灌、微喷灌、涌流灌和地下渗灌等节水灌溉方式；计量系统要求水、电等计量设备符合《用能单位能源计量器具配备和管理通则》（GB 17167）的要求；绿色交通工具包括各种低污染车辆，如双能源汽车、天然气汽车、电动汽车、氢气动力车、太阳能汽车等，使用绿色交通工具可以减少大气污染物的排放。

5.3.3.2　指标基准值的确定

（1）单位绿地面积用水量

根据调研结果，各公园景区单位绿地面积用水量具有明显差异，单位绿化面积用水量平均水平为 $1.0m^3/(m^2 \cdot a)$。综合考虑规定，单位绿地面积用水量Ⅲ级评价基准值 50%公园景区能够达到，Ⅱ级评价基准值 20%公园景区能够达到，Ⅰ级评价基准值 10%公园景区能够达到。

（2）单位建筑面积综合能耗

根据调研数据，公园景区能耗中，供暖用能耗占 52.27%，电能消耗占 40.91%，餐饮能耗占 6.82%。公园景区单位建筑面积综合能耗具有明显差异，平均水平（按标准煤计）为 $26.44kg/(m^2 \cdot a)$。综合考虑规定，单位建筑面积综合能耗Ⅲ级评价基准值50%公园景区能够达到，Ⅱ级评价基准值30%公园景区能够达到，Ⅰ级评价基准值10%公园景区能够达到。

（3）再生水利用率

北京市公园景区的再生水利用水平总体不高，只有40%的公园景区有再生水利用。公园景区必须推广使用再生水，综合考虑规定，再生水利用率30%作为Ⅲ级评价基准值，再生水利用率50%作为Ⅱ级评价基准值，再生水利用率80%作为Ⅰ级评价基准值。

5.4 评价指标体系应用

5.4.1 城镇污水处理厂应用案例

某污水处理厂在清洁审核过程中，各项考核指标的评价分值见表5-7。

表5-7 与《清洁生产评价指标体系 环境及公共设施管理业》中城镇污水处理厂对比结果

<table>
<tr><th>序号</th><th>一级指标</th><th>一级指标权重</th><th>二级指标</th><th>单位</th><th>二级指标权重</th><th>Ⅰ级基准值</th><th>Ⅱ级基准值</th><th>Ⅲ级基准值</th><th>得分</th></tr>
<tr><td rowspan="5">1</td><td rowspan="5">生产工艺及装备指标</td><td rowspan="5">15</td><td>设备、仪表完好情况</td><td>—</td><td>3</td><td colspan="3">主要机械设备(格栅、泵、鼓风机及曝气系统、滗水器、污泥脱水机等)均无破损，主要技术参数达到设计要求；仪器仪表运行正常，满足工艺运行需要</td><td>3分</td></tr>
<tr><td>水、电计量设备配置情况</td><td>—</td><td>3</td><td colspan="3">水、电计量设备齐全，符合GB 17167的要求</td><td>3分</td></tr>
<tr><td>在线监测系统</td><td>—</td><td>3</td><td colspan="3">有进出水水质、水量在线监测设施，且运行良好</td><td>3分</td></tr>
<tr><td>自动控制系统</td><td>—</td><td>3</td><td>曝气、提升系统的自动控制为多参数联合反馈控制，系统运行状况良好</td><td colspan="2">曝气、提升系统的自动控制为单参数反馈，系统运行状况良好</td><td>3分</td></tr>
<tr><td>污泥处理系统</td><td>—</td><td>3</td><td>有完善的污泥消化、浓缩、脱水系统</td><td colspan="2">有完善的污泥浓缩、脱水系统</td><td>3分</td></tr>
</table>

续表

序号	一级指标	一级指标权重	二级指标	单位	二级指标权重	Ⅰ级基准值	Ⅱ级基准值	Ⅲ级基准值	得分
2	资源能源消耗指标	28	单位污水处理量耗电量	kW·h/t	16	≤0.22	≤0.29	≤0.41	12分
			单位污水处理量化学除磷药剂用量(以 Al_2O_3 计)	g/t	6	≤4.3	≤5.6	≤8.5	4分
			单位干污泥量絮凝剂消耗量(按每吨TS计)	kg/t	6	≤2.63	≤3.56	≤4.40	4分
3	资源综合利用指标	17	再生水利用情况	—	10	再生水回用于厂内,并提供厂外利用,且厂外利用率大于50%	再生水回用于厂内冲洗、绿地浇灌等		8分
			沼气利用情况	—	3	污泥消化后的沼气进行利用			3分
			水源热泵利用情况	—	4	利用污水源热泵有效回收能量			2分
4	污染物产生与排放指标	28	排水水质	—	12	满足DB11/ 890的规定			12分
			厂界噪声	—	4	满足GB 12348的规定			4分
			臭气治理	—	6	调节池、污泥脱水间等有臭气收集、净化处理装置,且运行有效		调节池、污泥脱水间等有抽气设施	5分
			固体废物	—	6	栅渣、初沉池污泥由有资质的机构处置;污泥泥质符合GB 24188,并安全处置;废试剂瓶、废矿物油等危险废物安全处置			6分
5	清洁生产管理指标	12	清洁生产审核情况	—	3	建立了专门的清洁生产审核机构,为企业制订了长远的清洁生产计划,已实施审核并有整改措施			3分
			质量管理体系	—	3	建立并通过认证(有效期内),并有效运行			3分
			原辅材料的管理情况	—	3	有完善的原辅材料的管理规章制度,并有效实施			3分
			工艺设备管理情况	—	3	建立相关设备管理制度,具有可操作性并有良好执行效果			3分
合计									87分

该污水处理厂综合评价指标分值为87分,对比《清洁生产评价指标体系 环境及公共设施管理业》中清洁生产等级评定,清洁生产综合评价指数 $p \geqslant 90$ 的企业,清洁生产水平为一级清洁生产领先水平;清洁生产综合评价

指数 80≤p<90 的企业，清洁生产水平为二级清洁生产先进水平；清洁生产综合评价指数 70≤p<80 的企业，清洁生产水平为三级清洁生产一般水平。由此可知，该污水处理厂为二级清洁生产企业。

5.4.2 垃圾处理厂评价应用案例

按照生活垃圾填埋场清洁生产评价指标体系，某生活垃圾填埋场各指标得分情况见表 5-8。

表 5-8 与《清洁生产评价指标体系 环境及公共设施管理业》中生活垃圾填埋场对比结果

<table>
<tr><th>序号</th><th>一级指标</th><th>一级指标权重</th><th>二级指标</th><th>单位</th><th>二级指标权重</th><th>Ⅰ级基准值</th><th>Ⅱ级基准值</th><th>Ⅲ级基准值</th><th>得分</th></tr>
<tr><td rowspan="5">1</td><td rowspan="5">生产工艺及装备指标</td><td rowspan="5">27</td><td>主设备完好情况</td><td>—</td><td>6</td><td>填埋作业系统正常运行;污水处理系统、填埋气收集处理系统停运检修次数均小于 3 次/年，年停运总时长均少于 10 天</td><td>填埋作业系统正常运行;污水处理系统、填埋气收集处理系统停运检修次数均小于 3 次/年，年停运总时长均少于 20 天</td><td>填埋作业系统正常运行;污水处理系统、填埋气收集处理系统停运检修次数均小于 4 次/年，年停运总时长均少于 30 天</td><td>6 分</td></tr>
<tr><td>场底防渗情况</td><td>—</td><td>5</td><td colspan="3">场底防渗符合 CJJ 113</td><td>5 分</td></tr>
<tr><td>填埋气收集处理情况</td><td>—</td><td>6</td><td colspan="2">垃圾堆体密闭，填埋气收集系统有效运行;恶臭污染源密闭，恶臭气体经处理达标排放</td><td>填埋气经收集处理排放</td><td>4 分</td></tr>
<tr><td>渗滤液收集处理情况</td><td>—</td><td>6</td><td colspan="3">具有渗滤液减量措施，并对渗滤液进行收集处理，渗滤液处理系统水质和出水率符合 CJJ 150 要求</td><td>5 分</td></tr>
<tr><td>在线监测系统</td><td>—</td><td>4</td><td colspan="3">有大气和污水在线监测系统</td><td>4 分</td></tr>
<tr><td rowspan="3">2</td><td rowspan="3">资源能源消耗指标</td><td rowspan="3">26</td><td>单位垃圾处理量综合能耗（按标准煤计）</td><td>kg/t</td><td>14</td><td>≤0.80</td><td>≤0.90</td><td>≤1.20</td><td>12 分</td></tr>
<tr><td>单位垃圾处理量素土消耗量</td><td>m^3/t</td><td>6</td><td>≤0.08</td><td>≤0.13</td><td>≤0.15</td><td>5 分</td></tr>
<tr><td>单位垃圾处理量新鲜水消耗量</td><td>m^3/t</td><td>6</td><td>≤0.02</td><td>≤0.03</td><td>≤0.05</td><td>4 分</td></tr>
</table>

续表

序号	一级指标	一级指标权重	二级指标	单位	二级指标权重	Ⅰ级基准值	Ⅱ级基准值	Ⅲ级基准值	得分
3	资源综合利用指标	13	再生水利用情况	—	5	再生水利用率大于 90%		再生水用于保洁或绿化	5 分
			填埋气利用情况	—	8	填埋气发电或填埋气深加工		有填埋气利用系统	6 分
4	污染物产生与排放指标	25	厂界环境空气污染物浓度	—	8	符合 DB11/ 501 及相关标准的要求			8 分
			地下水监测	—	8	符合 GB/T 14848 及相关标准的要求			8 分
			污水排放污染物浓度	—	6	符合 DB11/ 307 及相关标准的要求			6 分
			厂界噪声	—	3	符合 GB 12348 及相关标准的要求			3 分
5	清洁生产管理指标	9	开展清洁生产审核情况	—	2	建立专门的清洁生产审核机构，已实施审核并有整改措施，记录完整；企业制订长远的清洁生产计划，员工知晓清洁生产要求			2 分
			环境管理体系认证情况	—	2	建立环境管理体系并在认证有效期内，记录完整			2 分
			节能减排管理及执行情况	—	2	建立节能减排管理制度，具可操作性，执行效果良好			2 分
			原辅材料的管理情况	—	1	建立原辅材料的管理制度，并有效实施			1 分
			工艺设备管理情况	—	1	建立设备管理制度，具可操作性，执行效果良好			1 分
			对外信息公示	—	1	具有对外信息公布平台，信息及时更新			1 分
合计									90 分

通过计算可以得出，该生活垃圾填埋场的清洁生产综合评价指标分值为 90。根据《清洁生产评价指标体系 环境及公共设施管理业》可知，清洁生产综合评价指标分值大于或等于 90 为一级清洁生产领先水平企业（单位）。所以，该填埋场为一级清洁生产领先水平企业（单位）。

5.4.3　公园景区评价应用案例

某公园单位绿地面积用水量 0.286$m^3/(m^2 \cdot a)$，单位建筑面积综合能耗（按标准煤计）15.0$kg/(m^2 \cdot a)$，采用燃气锅炉且锅炉达标排放；景区内部采用雨污分流体系；园林植物施肥采用化肥；绿化废物回收利用率为 100%，再生水利用率为 38%；配备了垃圾分类收集设施且标注“可回收”

“不可回收”等分类标志；在环卫部门将垃圾清运之前园区组织人员对垃圾进行了二次分拣；景区无雨水收集与利用设施；普及了节水器具且节水器具完全符合《节水型生活用水器具》（CJ/T 164）要求；道路照明使用了节能灯，但办公照明还使用白炽灯；绿化灌溉采用滴灌方式；有完善的水、电计量系统且符合《用能单位能源计量器具配备和管理通则》（GB 17167）的要求；园区采用电动车作为游客浏览车；景区管理相对比较完善，虽尚未设置环境、能源管理岗位，但重点用能系统、设备的操作岗位配备了专业技术人员，有明确的环境目标和行动措施；有健全的公共安全、食品安全、节能降耗、环保的规章制度，有定期检查目标实现情况及规章制度执行情况的记录，通过了 ISO 14001 环境质量管理体系认证，具有健全的设备维护保养制度；餐饮燃料使用液化石油气；设置了绿色消费、环境保护等内容宣传栏，不定期进行绿色、环保宣传，每半年组织一次员工清洁生产、环保等方面的教育和培训。该公园与《清洁生产评价指标体系 环境及公共设施管理业》对比结果见表 5-9。

表 5-9 与《清洁生产评价指标体系 环境及公共设施管理业》中公园景区对比结果

<table>
<tr><th>序号</th><th>一级指标</th><th>一级指标权重</th><th>二级指标</th><th>单位</th><th>二级指标权重</th><th>Ⅰ级基准值</th><th>Ⅱ级基准值</th><th>Ⅲ级基准值</th><th>得分</th></tr>
<tr><td rowspan="2">1</td><td rowspan="2">资源能源消耗指标</td><td rowspan="2">28</td><td>单位绿地面积用水量</td><td>$m^3/(m^2 \cdot a)$</td><td>14</td><td>≤0.06</td><td>≤0.12</td><td>≤0.35</td><td>12分</td></tr>
<tr><td>单位建筑面积综合能耗（按标准煤计）</td><td>$kg/(m^2 \cdot a)$</td><td>14</td><td>≤3.00</td><td>≤8.00</td><td>≤18.00</td><td>10分</td></tr>
<tr><td rowspan="3">2</td><td rowspan="3">污染物控制指标</td><td rowspan="3">20</td><td>锅炉大气污染物排放情况</td><td>—</td><td>6</td><td colspan="3">满足 DB11/ 139 要求</td><td>6分</td></tr>
<tr><td>雨污分流情况</td><td>—</td><td>8</td><td colspan="3">排水系统为雨污分流</td><td>8分</td></tr>
<tr><td>公园水体水质</td><td>—</td><td>6</td><td colspan="3">公园水体水质满足 GB 3838 要求</td><td>6分</td></tr>
<tr><td rowspan="4">3</td><td rowspan="4">资源综合利用指标</td><td rowspan="4">24</td><td>园林绿化废物回收情况</td><td>%</td><td>8</td><td colspan="3">园林绿化废物全部回收</td><td>4分</td></tr>
<tr><td>再生水利用率</td><td>%</td><td>6</td><td>≥80</td><td>≥50</td><td>≥30</td><td>3分</td></tr>
<tr><td>垃圾分类收集设施建设及管理情况</td><td>—</td><td>5</td><td colspan="2">标注“纸类”“玻璃”“塑料”“金属”等分类标志</td><td>标注“可回收”“不可回收”等分类标志</td><td>2分</td></tr>
<tr><td>雨水收集与利用设施建设情况</td><td>—</td><td>5</td><td colspan="3">建设有雨水收集与利用设施</td><td>3分</td></tr>
</table>

续表

序号	一级指标	一级指标权重	二级指标	单位	二级指标权重	Ⅰ级基准值	Ⅱ级基准值	Ⅲ级基准值	得分
4	装备指标	16	节水器具	—	3	符合 CJ/T 164 要求			3 分
			照明系统	—	3	办公照明使用节能灯，道路照明使用太阳能灯		办公照明和道路照明使用节能灯	1 分
			绿化灌溉设备	—	4	采用喷灌、滴灌等节水灌溉设备			4 分
			计量系统	—	3	符合 GB 17167 的要求			3 分
			绿色交通工具使用情况	—	3	公园景区内交通工具采用电、天然气等清洁能源			3 分
5	清洁生产管理指标	12	组织机构	—	2	设置环境、能源管理岗位，实行环境、能源管理岗位责任制；重点用能系统、设备的操作岗位配备专业技术人员			2 分
			管理制度	—	2	有明确环境目标和行动措施；有健全的公共安全、食品安全、节能降耗、环保的规章制度；有定期检查目标实现情况及规章制度执行情况的记录			2 分
			设备维护保养制度	—	2	具有健全的设备维护保养制度，并有效实施			2 分
			能源管理	—	2	燃料使用类型为清洁能源，如天然气、液化石油气、电力等			1 分
			有机肥施用情况	—	2	园林植物施用有机肥			2 分
			宣传情况	—	1	设置绿色消费、环境保护等内容宣传栏			1 分
			员工教育和培训情况	—	1	定期开展员工清洁生产、环保等方面的教育和培训			1 分
合计									79 分

经对标分析，该公园综合评价分数为 79 分，属于三级清洁生产企业（单位）。

参考文献

[1]　DB11/T 1262—2015 清洁生产评价指标体系，环境及公共设施管理业．

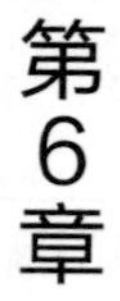

第6章 环境及公共设施管理行业清洁生产先进管理经验和技术

6.1 污水处理厂清洁生产先进管理经验和技术

6.1.1 管理经验

污水处理厂的清洁生产，可以从调整工艺技术、加强过程控制、改进设备及仪器、提高管理水平、废物综合利用和中水回用等方面进行。

(1) 水质与工艺选择

各种处理方法都有其相应的特点，在选择处理工艺时，不仅要考虑污水处理工艺本身的特点，还要根据所要处理水的水质、要达到的处理目标、经济条件等进行综合全面的比较，优选最佳污水处理工艺。

在确定工艺的前提下，为确保污水处理厂日常运作的稳定性，保证出水达标，可以针对以下几方面进行改进。

① 除磷效果稳定化。

② 污泥无害化、减量化。

③ 优化同时硝化反硝化生物脱氮与相关工艺。

(2) 降低药耗

药剂的消耗是污水处理厂运营中较大的经费支出，药剂主要在污泥脱水和除磷过程中使用。为了提高成本的使用效率和药剂的使用效果，对药剂消耗进行改进，有助于提高污水处理厂整体的运作水平。

（3）中水回用

污水处理厂物质能源再利用首要考虑的是中水回用。安装回用水系统，将回用水用于厂内的绿化、消防、污泥脱水机的反冲洗过程、细格栅的反冲洗过程、加药过程、冲洗厕所等，节约用水，减少水费支出。

（4）污泥的处理

妥善地处理污泥，将其作为一种新的资源加以有效利用，变废为宝，已成为污水处理厂提高技术和管理水平的重要途径。常见的污泥综合利用方式包括堆肥农用、污泥焚烧产物利用、建筑材料利用、污泥消化处理等。

由于污泥处理需要具备相关的资质条件，从实际考虑，污水处理厂需要提高污泥本身的效益，最佳方式还是引入先进的污泥脱水技术，改进污泥的脱水性能，从而减少需要委托处理的污泥总量，达到相应清洁生产的目的。

（5）设备的合理调节

设备的能耗和影响也是污水处理厂进行清洁生产审核的一个重点，可以通过减少风机的输送风量、加装隔声设备、设置合理的报警上限等，对污水处理厂进行改造。

① 减少风机的输送风量。合理控制工艺的运行，将溶解氧（DO）值控制在一个合适的范围，在保证出水合格的条件下减少空气的输送量，减少电力消耗，节约用电。

② 加装隔声设备。在鼓风机房装隔声设备，减少噪声污染。

③ 设置合理的报警上限。在进出水口设置的检测仪表上设置合理的报警上限，当进出水接近设计值时工艺人员能够及时调整工艺，提高出水合格率。

（6）其他方面

建立质量管理体系、环境管理体系、能源管理体系、职业健康安全管理体系，并通过第三方认证，使环境管理系统化，有利于全方位地控制和预防环境污染。加强厂区绿化工作，提高厂区绿化率等。

6.1.2 资源和效率类先进技术

6.1.2.1 短程硝化反硝化

基于硝化过程中 HNO_2 积累的现象，短程硝化反硝化概念于20世纪70年代被首次提出，随后国内外许多学者对此进行了试验研究。如果将 NH_4^+-N 氧化控制在亚硝化阶段，然后通过反硝化作用将 NO_2^--N 还原为 N_2，经 NH_4^+-N→NO_2^--N→N_2 这样的途径完成脱氮，即短程硝化反硝化途径。短程硝化反硝化与全程硝化反硝化相比，缩短反应时间，并节约25%左右的供氧量，节约40%左右的反硝化所需碳源，同时在碳氮比（C/N）一定的情况下可提高总氮（TN）的去除率，减少约50%污泥产生量，缩短反应时间，减小反应器容积。

国内外关于短程硝化的研究主要集中在特殊水质上，如污泥消化液、垃圾渗滤液、高氨氮质量浓度的工业废水和合成污水；同时结合特定的反应条件进行，如较高的反应温度（30～36℃）、较高的pH值（通常>7.5）或者较低溶解氧质量浓度等。迄今为止，成功实现短程硝化反硝化的报道多是在间歇运行的条件下实现的，很少有在连续流条件下实现的。

6.1.2.2 同步硝化反硝化工艺

同步硝化反硝化（simultaneous nitrification and denitrification，SND）可使硝化和反硝化在一个反应器内同时进行。与传统硝化-反硝化两步生物脱氮工艺相比，SND在省去缺氧反硝化阶段的基础上，能够实现有机物和氮的同步去除，减少反应设备的数量，减小其尺寸，无需污泥和混合液回流，节约能耗。解释同步硝化反硝化现象的理论主要有微环境和微生物学两种。微环境理论认为，由于氧扩散的限制，在微生物絮体或生物膜内产生DO浓度梯度，即微生物絮体或生物膜的外表面DO浓度高，以好氧硝化菌及氨化菌为主，深入其内部，氧传递受阻，其絮体外部消耗大量的DO，降低了进入絮体内部的传质推动力，内部产生了缺氧或厌氧区，反硝化菌和厌氧/缺氧菌占优势，这种DO浓度梯度的发现，在微观上证实了一个絮体颗粒是好氧微环境和厌氧/缺氧微环境的结合体，从而形成有利于实现SND的微环境。

在同一处理系统中实现同步硝化反硝化过程，硝化反应的产物可直接成为反硝化反应的底物，避免了硝化过程中 NO_3^- 的积累对硝化反应的抑制，加快了硝化反应的速率；反硝化反应中所释放出的碱度可部分补偿硝化反应所消耗的碱，能使系统中的pH值相对稳定；另外，硝化反应和反硝化反应可在相同的条件和系统下进行，简化了操作的难度。

该技术的缺点是构造系统、菌落和维护过程复杂。但实现同步硝化反硝化并达到两过程的动力学平衡，将大大简化生物脱氮工艺并提高脱氮效率，从而节省投资，提高处理效率，减少土地占用，减少了酸碱投加量（调节pH值）。

6.1.2.3 污泥高级厌氧消化技术

污水处理厂的初沉污泥和生化（二沉）污泥混合后，经过预脱水，使污泥含固率达到15%～17%，进入热水解预处理系统，预处理后的污泥进入中温高固体浓度的厌氧消化系统。沼气进入热电联产，余热提供给锅炉产生蒸汽，部分沼气同时用于锅炉产生蒸汽，产生的电能除厂内用电，还可以并入城市电网。技术指标包括：沼气质量65%～68% CH_4，停留时间小于15d，污泥无害化率100%。

6.1.2.4 无（低）剩余污泥接触氧化处理工艺

在多段式废水处理池中设置专属生物填料，在填料上繁殖微生物，并通过微孔曝气盘给池中微生物提供溶解氧，微生物降解废水中的有机物，直到处理水质达到目标值。污泥减量很大，仅为传统工艺的1.3%。

6.1.2.5 水热法稳定化-重力浓缩-机械脱水-半干法处理技术

采用以水热处理为核心的污泥处理组合工艺，先通过水热处理将难脱除的细胞水转化为自由水，难降解的大分子有机物水解为小分子；然后经重力浓缩和机械脱水，使泥饼含水率降低为50%；最后采用厌氧发酵法处理脱水废液，产生沼气，回收热能。采用本技术污泥可实现稳定化，污泥总COD溶解率≥20%；SS溶解率≥30%；污泥减容率≥90%；进料污泥含水率90%～95%，出料为50%，呈半干化状态，可直接焚烧。

日处理污水5万吨的污水处理厂（日产80%含水率污泥30t），污泥处理设施建设投资20万元/吨，运行成本65元/吨；平均电耗 5.5×10^5 kW·h/a。

6.1.2.6 纳米微电解深度水净化技术

通过微电解水分子并释放羟基负离子，应用在污水深度处理领域。纳米材料具有极大的比表面积和很强的吸附能力，在材料微电极和远红外作用下，水分子团变为6个分子组成的小分子团。纳米电解材料同时可使水中有机分子电解成为羟基自由基，并进一步捕捉悬浮污染物且将其氧化，有效分解链状、环状污染物分子，达到深度处理的效果。

6.1.2.7 污水处理厂除臭技术

（1）生物滤池

生物滤池主要包括增湿器和生物处理装置两部分。由引风机收集的臭气经增湿装置预处理后（有的预处理还包括温度调节、去除颗粒物等），进入生物处理装置，气体中的污染物从气相主体扩散到填料外层的水膜并被填料吸附，最终降解为二氧化碳、水等，处理后的气体从生物滤池的顶部排出。生物滤池的填料层是具有吸附性的滤料（如土壤、堆肥、活性炭等）。堆肥生物滤池因其较好的通气性、适度的通水和持水性以及丰富的微生物群落，能有效地去除烷烃类化合物如丙烷、异丁烷，对酯和乙醇等生物易降解物质的处理效果更佳。

（2）生物滴滤塔

生物滴滤塔的主体为填充塔，内有一层或多层填料，填料表面是由微生物区系形成的几毫米厚的生物膜。含可溶性无机营养液的液体从塔上方均匀地喷洒在填料上，液体自上向下流动，然后由塔底排出并循环利用。有机废气由塔底进入生物滴滤塔，在上升的过程中与润湿的生物膜接触而被净化，净化后的气体由塔顶排出。在欧美、日本等国家和地区，生物滴滤塔工艺被广泛应用于污水处理厂臭气处理工程中。

（3）生物滤床

生物滤床的除臭原理是将气体收集并加湿后通过管道输入生物滤床底部并使其在土壤内扩散，臭气中多种污染成分溶于水后吸附于土壤颗粒表面，经过一段时间后在土壤颗粒表面可逐渐培养出针对致臭物质的微生物，并可不断将致臭物质分解，完成脱臭。

生物滤床法的工艺流程为：臭气收集→风管输送→抽风机→预洗池加湿

→生物滤池→排气。滤床填料可采用海绵、干树皮、干草、木渣、贝壳、果壳及其混合物等。

（4）植物提取液除臭

植物提取液除臭的原理是臭气中的异味分子被喷洒分散在空间的植物提取液液滴吸附，在常温下发生各种反应，生成无味无毒的分子。在污水处理厂中，植物提取液除臭剂主要应用于提升泵房、生物处理池、污泥脱水车间等产生恶臭气体且恶臭气体不便于收集的构筑物内。

（5）活性炭吸附

活性炭吸附的除臭原理主要是利用活性炭的吸附作用，使恶臭气体通过吸附剂填充层而被吸附去除。活性炭除臭工艺是一种高效的除臭技术，对恶臭物质有较大的平衡吸附量，对多种恶臭气体都可达到较好的吸附效果，但运行费用高，且需定期维护，常用于低浓度臭气和脱臭的后处理。

（6）高能离子除臭

高能离子净化系统的工作原理是置于室内的离子发生装置发射出高能正、负离子，它可以与室内空气当中的挥发性有机物（VOCs）接触，打开 VOCs 分子化学键，分解成二氧化碳和水；对硫化氢、氨同样具有分解作用；离子发生装置发射离子与空气中尘埃粒子及固体颗粒碰撞，使颗粒荷电产生聚合作用，形成较大颗粒并靠自身重力沉降下来，达到净化目的；发射离子还可以与室内静电、异味等相互发生作用，同时有效地破坏空气中细菌生存的环境，降低室内细菌浓度，并将其完全消除。

高能离子净化系统在欧洲诸国应用于医院、办公楼、公众大厅等，使空气净化以达到模拟自然森林空气清新的效果。近些年高能离子净化系统逐步开发应用于污水处理厂和污水提升泵房的脱臭方面，法国、英国、苏格兰、瑞典等国的应用实例很多。

（7）化学除臭

化学除臭法是用化学介质（NaOH、NaOCl）与 H_2S 进行反应，从而达到除臭目的。化学除臭法耐冲击负荷强，可间歇工作，工作方式灵活。但化学除臭法主要是针对 H_2S 进行的，成本高，且臭味中含有多种气体成分，很难用单一的化学反应来消除臭味。总之，用化学除臭法来处理臭味不是很成熟，该方法有待进一步完善。

(8) 活性氧技术

活性氧技术的除臭原理是在常温常压下高压脉冲放电，将空气中氧分子电离成臭氧（O_3）、原子氧（O）、羟基自由基（·OH）等活性氧，活性氧中的离子氧有极强的氧化能力，其氧化能力是氧气的上千倍，可以将氨、硫化氢、硫醇等污染物以及恶臭异味等其他有机物迅速氧化，氧化所需时间只有百分之几秒，同样活性氧的寿命只有数秒。一般污水处理厂脱硫工艺中，活性氧剂量为$1\times10^{-6}\sim25\times10^{-6}$，该工艺中反应停留时间是最重要的参数，与恶臭浓度及去除要求有关，一般为几秒到几分钟。

6.1.2.8 污水处理厂除磷技术

(1) 强化生物除磷

生物除磷通过聚磷菌在厌氧阶段对磷的释放和好氧阶段对磷的过量吸收两个过程来完成，各阶段的DO对磷的去除有很大程度的影响。好氧阶段，DO过低不利于有机物的去除和磷的过量吸收；DO过高，回流至厌氧段的污泥中会含有较高的DO，不利于磷的释放，甚至可能影响污泥的沉降性能。因此，应合理控制各阶段的DO。生物除磷中，有机碳源不足对除磷效果也有很大影响。COD/TP值越大，磷的去除率越高，去除效果也越稳定。一般情况下，$BOD_5/TP>20$时生物除磷过程才能稳定。因此，在低碳源情况下，可适当投加相关碳源或延长厌氧、缺氧段水力停留时间。

(2) 提高化学除磷效果

通过合理控制药剂混合及反应阶段的相关参数和采用除磷优化控制系统，提高化学除磷的效率。在混合阶段，为使药剂快速均匀地分散、溶解到水体中，需要对水流进行剧烈搅拌，一般在10～30s至多不超过2min内完成；在反应阶段，水力搅拌的强度和反应时间是主要的控制参数。因此，合理控制水力的搅拌强度和反应时间对提高除磷效果是很重要的。为了更好地控制系统加药量，采用除磷优化控制系统，其主要原理是在以初沉池、生物反应器及二沉池为主的系统中，通过优化控制器分别对初沉池及生物反应器出水的COD及磷含量进行实时监测，并将数据及时反馈给自控系统，进而预测系统的化学除磷量，再换算出加药量，从而控制加药系统药剂的投加。

(3) 深度除磷

“生物除磷＋化学除磷”组合工艺不但减少了药剂投加量，而且能将出水 TP 浓度降至＜0.5mg/L，但在某些要求深度除磷（出水 TP 浓度＜0.1mg/L）的污水处理厂，还需要在生物除磷与化学除磷的基础上进一步物理除磷，以去除悬浮物中残存的磷或部分可溶态磷。美国环境保护署报告中介绍了实际运行过程中采用的深度除磷工艺，主要有 3 大类：

① 生物除磷＋化学除磷＋沉淀过滤；

② 生物除磷＋化学除磷＋两级过滤；

③ 生物除磷＋化学除磷＋膜分离。

这 3 类技术中第 1 类技术最常用，沉淀过滤既可以采取传统工艺，也可以采取新技术，如斜板沉淀池、高密度沉淀池、活性砂滤池等，出水 TP 浓度为 0.01～0.07mg/L；第 2 类技术出水 TP 浓度＜0.03mg/L；第 3 类技术由于膜分离投资和运行费用较高，不作为推荐技术。

6.1.2.9　污水处理厂沼气利用技术

沼气是污水处理厂工艺生产过程中厌氧消化处理产生的副产品。经过脱硫的沼气是清洁环保的能源，其主要成分为甲烷（CH_4），典型的组成为：CH_4 占 60％ 、CO_2 占 30％、N_2 占 8.0％、CO 占 0.3％、H_2S 占 0.1％ 、其他占 1.2％，LHV（低热值）5000kcal/m^3 （1cal＝4.1840J），是优良的燃料。

根据污水处理厂的特点，通常利用燃气内燃机的机械输出直接驱动鼓风机，组成沼气内燃机鼓风机组，给曝气池供氧，也可利用燃气内燃机带动发电机，组成发电机组进行发电，分别称为热动联供机组和热电联供机组。

沼气内燃机发电机组的优点是灵活性强，它可以根据实际沼气的产生量随时消耗沼气，转换成电能。相对沼气鼓风机组而言，沼气发电机组的优势是可以满负荷工作，充分发挥沼气内燃机的功效。另外，沼气热电联供机组的安装位置不受局限，可以选择离气柜较近并方便热交换的地方。

需注意的是，沼气燃烧后产生的废气污染物包括 SO_2、NO_2、烟尘，污水处理厂利用沼气发电等技术时要注意烟气处理后达标排放，必要时需增加脱硝工艺等。

6.1.3　节能类先进技术

6.1.3.1　DO 控制技术

溶解氧（dissolved oxygen，DO）是活性污泥工艺中重要的控制变量。由于城市污水处理系统存在着来水水量、水质不稳定的特点，导致污水在处理过程中生化池的需氧量时刻变化。控制合理的DO可以减少曝气量、节省能耗。控制DO浓度维持在预先选择的设定值已经是一个成熟的技术，通过简单的比例积分（proportional integral，PI）或比例积分微分（proportion integration differentiation，PID），反馈控制可以实现。但是，PID调节针对线性定常系统具有较好的效果，但是对于非线性时变系统的控制效果较差。而污水处理系统的进水流量一般都具有较大的日变化和时变化，进水量的波动造成曝气池的需氧量在一天中经常发生较大的变化。

DO控制技术成熟，不仅可以降低能耗，还可以提高效率，降低人工成本。目前，DO控制已十分普遍，基于高级传感器（氨氮、硝酸氮、磷酸盐或有机物）的控制也开始使用。国内污水处理系统的自动化水平还有些落后，大多数污水处理厂的自动控制只体现在数据采集和简单控制（如提升泵、污泥回流泵、鼓风机的开关控制）上，污水处理系统的曝气系统优化控制还较少。

6.1.3.2 曝气设备的节能降耗技术

活性污泥法中使用最普遍的是鼓风机曝气，影响鼓风机曝气系统的因素有很多，包括曝气器的类型、曝气器的布置形式、氧的总转移系数（K_{La}）、氧的利用效率（E_a）、动力效率（E_p）、阻力损失、布气均匀性和使用寿命等。目前城镇污水处理厂为了提高氧转移效率普遍采用微气泡曝气系统，研究表明微孔曝气器可节约风量20%以上。与中大气泡的曝气系统相比，微气泡曝气系统不仅氧利用效率高，而且动力效率、氧总转移系数也大，标准条件下清水的动力效率（SAE）（按O_2计）为3.6～4.8kg/kW；但微孔曝气器存在阻力损失较大、容易堵塞、使用寿命较短等缺点。因此，对采取微气泡曝气系统的污水处理厂应提高运行管理水平，采取良好的日常维护和保养措施，确保曝气器在较高的氧利用效率下工作，从而提高污水处理厂的氧利用效率。

可采用高效免维护管式曝气器解决微孔曝气盘脱落及堵塞的问题，管式曝气器连接简单且可靠，使用过程中不会脱落。管式曝气器的输气管和布气器合二为一，采用管式曝气器的曝气系统连接件、管道支架结构简单，曝气管安装方便快速，可增加连接的牢固性并大大节省安装费用和安装时间。管式曝气器的支撑管为低压聚乙烯材料，布气层为高压聚乙烯材料，确保了具有良好的化学稳定性、耐酸碱、使用寿命长，同时具有很高的力学强度，及抗水击强度。采用管式曝气器的曝气系统不需安装专门的泄水管和泄水阀。

管式曝气器的特殊多孔结构及聚乙烯材料的高弹性，确保了运行中管式曝气器表面不易黏附生物污泥，同时确保管式曝气器运行稳定，不易堵塞。

6.1.3.3 水泵的节能降耗技术

污水提升系统的设备主要是提升泵，它的电耗一般占全厂电耗的10%～20%。提升泵的节能首先应从污水处理厂的设计入手，合理确定各处理构筑物的进出水高程、减少污水提升环节、优化污水提升系统、科学合理选泵，使水泵在高效率区间运行。例如：合理利用地形，减少污水的提升高度来降低水泵轴功率；定期对水泵进行维护；减少摩擦等。对于已投产的污水处理厂，提升泵节能的关键在于优化控制方式，只有实行提升过程的最优控制，才能达到节能的目的。

水泵变速控制是水泵节能的有效方法，但由于水泵扬程的变化主要取决于吸水池或集泥池中水位的变化，所以水泵变速允许范围很小，只能使用微调节的方式，而且变频调速技术装置投资高，所以在经济上和技术上不可取。多台定速水泵流量级配编组控制，是根据泵房的实际来水量，将泵站中的几台水泵组成几种流量级配，使泵站的出水量比较接近实际的来水量，这样就可以保证吸水池中的水位较长时间地稳定在高水位上，从而使水泵的工作扬程减小，最终达到节能的目的。

大型污水处理厂普遍采用转速加台数控制的方法，定速泵按平均流量选择，定速运转以满足基本流量的要求；调速泵变速运转以适应流量的变化，流量出现较大波动时，以增减运转台数作为补充。但是由于泵的特性曲线高效段范围不是很大，这就决定了调速泵也不可能将流量调到任意小而仍能保持高效。

选择与水泵负荷相匹配动力的电机对于保持电机的高效运转非常重要。大功率的电机可以满足额外负荷的需求，但在低负荷状态下工作的电机效率都比较低。电机工作的效率可以通过看效率负荷曲线确定。一般电机在75%或超过75%的负荷下工作，电机效率值等于最大值，理想的工作范围是在60%～90%的负荷，最理想的工作状态是电机满负荷工作。不同的电机具有不同的效率，高效率的电机最近几年有了新的发展，但价格比较昂贵，费用比标准电机高 15%～25%。但其运行费用较低，因此与普通电机的价格差价能在较短的时间内收回。

6.1.3.4 污水源热泵技术

污水源热泵系统是利用压缩机的作用，通过消耗一定的辅助能量（如电能），在污水中吸取较低温热能，然后转换为较高温热能释放至循环介质（如水、空气）中成为高温热源输出。在此过程中因压缩机的运转做工而消耗了电能，压缩机的运转使不断循环的制冷剂在不同系统中产生不同的变化状态和不同的效果（即蒸发吸热和冷凝放热），从而达到了回收低温热源制取高温热源的作用，这种装置既可用作供热采暖设备又可用作制冷降温设备，从而达到一机两用的目的。污水源热泵原理见图 6-1。

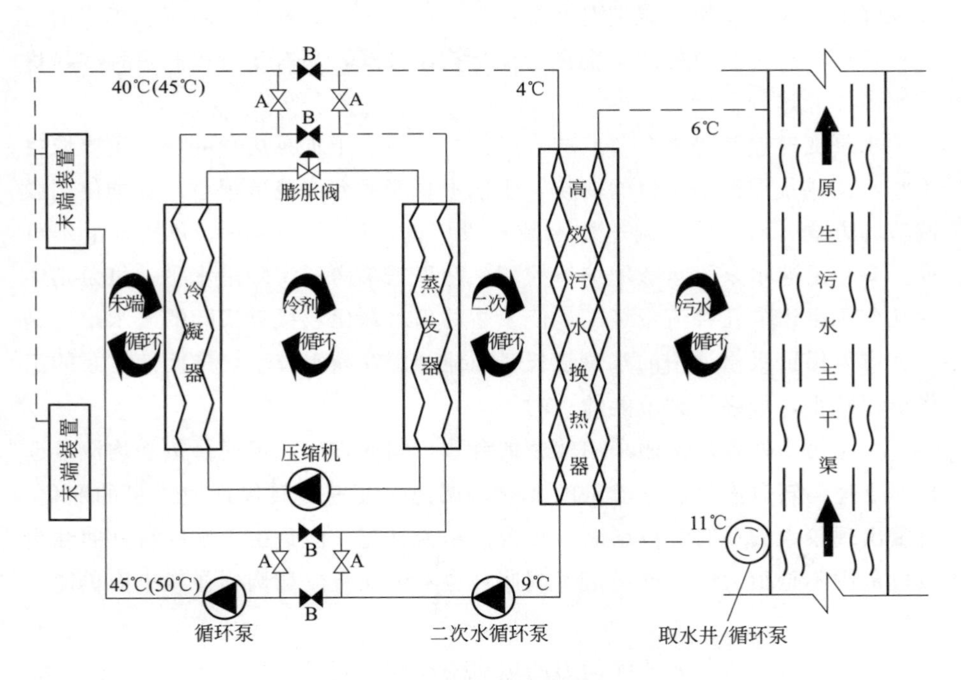

图 6-1 污水源热泵原理

6.1.3.5 污水处理厂全程节能集成

基于进水负荷的污水处理工艺全厂智能控制技术、以需气量计算为核心精确曝气技术、以可调堰为核心的精确配水技术，通过动态模型计算曝气池供气量，实现溶解氧控制并维持稳定的硝化作用；对各单元均匀分配进水负荷，对工艺中厌氧段、缺氧段精确分配进水碳源。

具体的技术指标包括：降低已建污水处理厂曝气系统能耗 10%以上；减少外加碳源消耗 20%以上；氮磷同步达标率提高 30%以上。

6.1.4　管理类先进技术

6.1.4.1　中央控制系统

污水处理厂中央控制系统采用计算机远程自动控制技术跟踪经常变化的水处理情况，监测污水处理过程中各工艺段不同仪器、仪表所采集的数据，通过计算机系统在中央控制系统显示平台上动态显示，计算机可以对这些收集到的数据进行编辑处理、建立数据库，形成历史数据，在需要的时候可以通过设置条件调取相关数据，并能显示数据的历史趋势和发展趋势。通过分析历史趋势和发展趋势，操作人员可以通过中央控制系统平台实现对污水处理工艺系统的调整，而不用工人现场操作。通过污水处理中央控制系统，可以实现多个指标的联动。这样大大减少了工人现场的工作量，提高了污水处理设施运行的稳定性，从而确保污水处理厂处理的污水达标排放。

6.1.4.2　自行监测

监测结果是评价城镇污水处理厂治污效果、排污状况、对环境质量影响状况的重要依据，是支撑城镇污水处理厂精细化、规范化管理的重要基础，在污染源达标状况判定、排放量核算等方面都需要有监测数据的支撑。自行监测是监测的主体形式，占据基础性地位。监督性监测、执法监测等以自行监测为基础，发挥技术监督和技术执法的作用。因此，城镇污水处理厂自行监测是精细化、规范化管理制度的重要基础。

为贯彻落实《控制污染物排放许可制实施方案》（国办发〔2016〕81号），环境保护部（现生态环境部）发布了《排污许可证管理暂行规定》，其中自行监测要求是排污许可证的重要载明事项，并制定专门的技术文件对城镇污水处理厂自行监测方案的编制提出明确要求，支撑城镇污水处理厂排污许可证制度的实施。

6.1.5 典型清洁生产方案

6.1.5.1 曝气系统精细化运行

（1）改造内容、技术可行性分析

针对污水处理厂曝气池溶解氧不能随水量负荷精确控制的缺点，新开发一套软件，并安装液位计和在线溶解氧仪。在原有可编程逻辑控制器（PLC）控制系统的基础上，通过新开发的软件、液位计和在线溶解氧仪，控制方式由人工改为自动控制，实时反映水量和溶解氧，通过联动机制，将这些信号反馈给鼓风机，从而影响鼓风机的开启程度，实现鼓风机气量的有效控制，实现曝气系统的精细化运行。该技术方案的优势是以进水水量前馈控制为主，在线溶解氧监视反馈为辅，运行可靠性较高，运行调控及时性有保障。曝气优化系统的控制回路如图6-2所示。

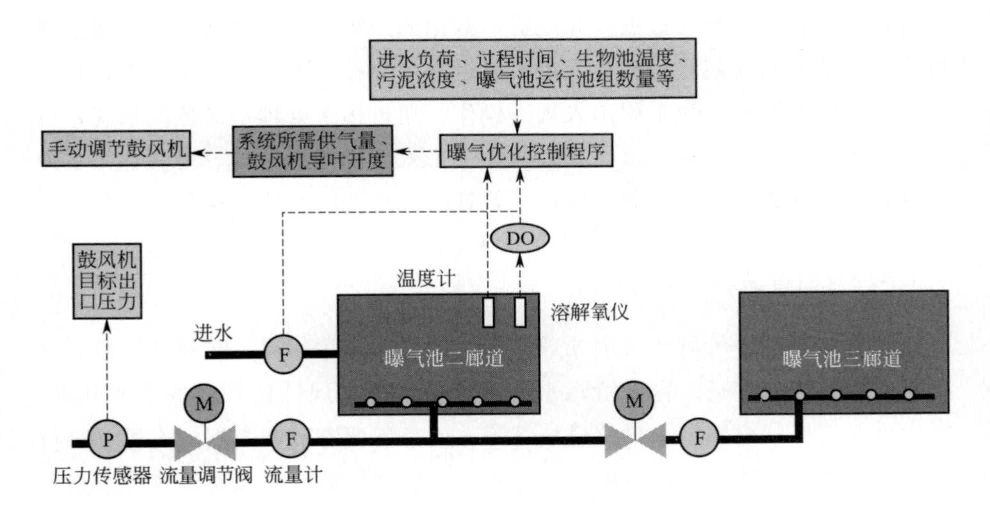

图6-2 曝气优化系统的控制回路

（2）环境可行性分析

该技术方案以进水水量前馈控制为主，在线溶解氧监视反馈为辅，运行可靠性较高，运行调控及时性有保障。此方案通过自主软件和加装在线监控仪表，实施后将减少鼓风机耗电量：气水比目标下降3%，可降低曝气耗电0.12kW·h/m^3，则全年共可节电0.12kW·h/m^3×3%×(4.7×10^5)m^3/d×

365d/a=6.1758×10^5kW·h/a，折合减排 CO_2 617.58t/a。

（3）经济可行性分析

全年共可节电 61.758×10^4kW·h/a，则全年节约电费 49.4 万元/年。但该项目实施后，会有部分新增仪表的维护费用增加，6 台×0.3 万元/台≈2 万元。则合计年节约成本 47.4 万元/年。

该方案总投资为 62 万元，对该方案进行经济分析，投资偿还期 1.3 年，内部收益率 76.19%，因此该项目是经济可行的。

6.1.5.2　初沉池排泥精确控制

（1）改造内容和技术可行性分析

在初沉池安装污泥界面计和部分污泥浓度计，实现对初沉池沉降污泥及排泥浓度的有效监控，给运行调控人员提供有效的实时污泥泥位和排泥浓度监控数据，提高污泥排放效率，实现稳定的高浓度污泥排放，提高后续污泥浓缩、污泥消化、污泥脱水系统的工作效率及稳定性。初沉排泥技术方案见图 6-3。

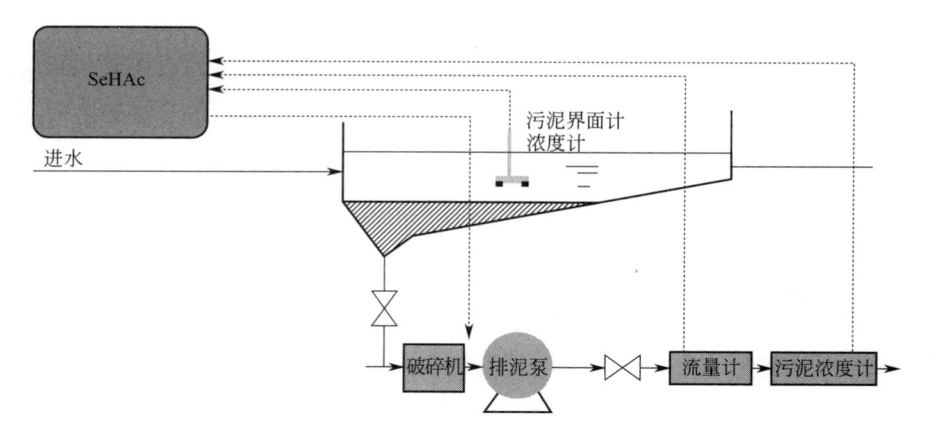

图 6-3　初沉排泥技术方案

主要改造内容包括：安装污泥界面计，监控初沉池内污泥泥位高度；安装非接触式污泥浓度计，监控排泥浓度。

改造 PLC 站，编写排泥泵控制程序，将控制信号接入现有一级班控制室。

该项目实施后，可有效提高排入污泥处理系统的污泥浓度并实现稳定控制，有利于浓缩系统的运行并进一步降低浓缩后的含水率。污泥浓缩含水率降低后可提高污泥消化池的利用效率。

（2）环境效益分析

通过污泥消化可分解45%左右的有机物，这些有机物将产生沼气。消化进泥含水率分别降低0.3%，预计每日多去除有机物2t，则每日产生的沼气量增加1880m^3（有机物产生沼气的量为0.94m^3/kg有机物），全年产生的沼气量增加$6.862\times10^5m^3$，这些沼气可用于发电1.3724×10^5kW·h/a（1m^3的沼气可发电2kW·h），则全年节约电费109.8万元。

（3）经济可行性分析

该方案总投资为237.4万元，对该方案进行经济分析，投资偿还期2.16年，内部收益率45.14%，因此该项目是经济可行的。

6.2 垃圾处理厂清洁生产先进管理经验和技术

6.2.1 运行模式优化

在城市垃圾处理技术、工艺方面植入清洁生产理念，是其应用于城市垃圾处理厂的第一步，也是至关重要的一步。清洁生产审核过程中，应从城市垃圾组成、可投入资金等多方面考虑，也可参照发达城市的成功经验。我国较发达城市已经由最初的单一垃圾处理规模逐渐向多元化垃圾处理规模过渡，通过比较处理率以及资源利用率、投资率数据说明，在清洁生产审核与评定中，每个城市由于自身发展限制条件不同，在垃圾处理工程起步阶段找到适合自己城市的单一处理方法，但随着垃圾处理工程的不断深入，可采取复合式、多元化的垃圾处理方法。在城市发展趋势中，不难看出多元化的垃圾处理模式优于单一垃圾处理模式，但是在现阶段中小城市发展中，由于资金、经济发达程度等方面的限制，一段时间内还无法实现多元化垃圾处理，所以不能单纯认为在清洁生产审核中，单一垃圾处理模式不先进，应结合城市发达程度对垃圾处理模式进行审核评估。

根据实现垃圾分类回收后生活垃圾的成分组成来确定垃圾处理方法是

相对准确的。根据生活垃圾成分可知，我国生活垃圾中的废纸类、纤维、塑料、金属、玻璃可以实现部分回收，但由于多数城市难以实现垃圾分类回收，如产生垃圾不经过分类，全部卫生填埋，造成垃圾中“资源”部分浪费，加重了垃圾处理的经济负担以及环境负担。为解决垃圾无法回收有用资源的尴尬局面，可以建设城市垃圾中转站，在垃圾中转站内设置分选设备并配备必要工人，回收垃圾中可再生资源，也可补充日益紧张的自然资源。

6.2.2　清洁生产技术

生活垃圾清洁生产技术主要有两个层次。

（1）生活垃圾处理的基本方案和规划

目前，北京市垃圾仍以填埋方式为主，但从长远发展趋势来看，由于填埋方式成本优势的缩小以及填埋场选址难度的加大，填埋处理垃圾的方式将逐渐缩减。焚烧技术的减量化、资源化和无害化优势比较明显，是现在大型城市垃圾处理技术的主流方向。堆肥技术在我国城市垃圾处理中的地位逐渐下降，但由于成本较焚烧低，以及从清洁生产的角度讲，对垃圾中有机物进行堆肥处理要优于焚烧技术，处理前端分选与后端堆肥的综合处理模式仍然具有吸引力，是目前绿色环保的处理工艺之一。因此，应该适当提高焚烧技术和堆肥技术在垃圾处理中的比例。

（2）生活垃圾的具体处理过程

该过程包括 3 个方面：

① 预处理过程所需的生活垃圾分选、破碎和压缩设施；

② 核心的处理技术，包括填埋、堆肥、热解、焚烧等；

③ 必要的环保配套处理设施，包括渗滤液收集处理、填埋气收集处理、烟尘处理等。

6.2.2.1　生活垃圾分选

生活垃圾在处理处置之前必须经过筛分，将有用的成分分选出来加以利用，将有害的成分分离出来进行合理处置，以达到生活垃圾减量化、资源化、无害化的要求。分选方法包括筛分（固定筛、滚筒筛、惯性振动筛、共振筛等)、重力分选（介质分选、跳汰分选、风力分选、分离分选、摇床分选等)、磁力分选（磁力滚筒、悬吊磁铁器、磁流体分选等)、电力分选（静电分选、高压电选等)、光电分选、摩擦力与弹性分选、浮选及人工分选等。这些技术可以有效完成不同粒径尺寸的分离，以及金属、纸制品、塑料制品、玻璃、砖瓦、橡胶的分离，但是每种设施都有其特点，必须联合使用才能将混合生活垃圾中的有用成分和有害成分有效分选。考虑到生活垃圾的主要成分和需要分选的物质特性，常用的分选技术包括滚筒筛分、惯性振动筛分、磁力滚筒分选、悬吊磁铁器分选、风力分选及人工分选等，分选效果较好，但在分选的精细化上还有待提高，尤其是有害物质的分选目前还较难实现。

6.2.2.2 生活垃圾破碎、压缩

原生生活垃圾尺寸较大造成装卸、储存困难，为了下一步工艺的正常进行一般要经过破碎，破碎是生活垃圾预处理技术中常用的手段，常用的方法有冲击破碎（锤式破碎机、球磨机、反击式破碎机)、剪切破碎、挤压破碎(颚式破碎机、辊式破碎机)、摩擦破碎、低温破碎等。由于混合生活垃圾成分的复杂多样性，一般破碎技术都是在筛分之后认为有必要进行破碎处理时才使用。

生活垃圾在运输过程中，为了提高运输效率需要对垃圾进行压缩，一般的垃圾转运站都要对垃圾进行压缩。压缩方式有简单的水平压缩、三向的立体压缩，还有复杂的回转式压缩，但是压缩处理后的垃圾不利于风选分离纸张，所以是否进行压缩应当综合考虑，或者考虑压缩步骤在整个垃圾处理过程中是否处于合理阶段。

6.2.2.3 生活垃圾运输

生活垃圾运输过程中污水滴漏的防治应从推进中转中心建设、淘汰老旧运输车、加强密封等方面进行。通过在转运中心对生活垃圾高强度压缩，除去大量的水分，同时对运输车辆采取加密封条、加盖等防滴漏措施，或配备目前较为先进的后装式压缩车和吊桶式、箱体式垃圾转运车，确保生活垃圾全密闭化地运输，防止污水外溢造成二次污染。

垃圾车清洗作业主要采用高压水清洗，同时对垃圾车主要外表面结合机

械刷洗。垃圾车清洗设施由垃圾车清洗系统和污水处理循环回用系统构成，不仅对垃圾车车身、底盘及车轮进行全面清洗和消毒，还对洗车污水加以回收利用。垃圾车清洗系统从不同角度和不同高度向垃圾车喷射高压洗水，冲洗力度大、无死角。此外，对垃圾车使用消毒水充分消毒杀菌，避免垃圾车成为细菌和有毒有害物质污染源。

6.2.2.4 生活垃圾填埋

填埋过程主要是摊铺压实垃圾的过程，还包括填埋所必需的环保措施的跟进，例如场地防渗、渗滤液导排收集、填埋气导排收集、道路堤坝的修建和表面覆盖等。

在填埋场的运行过程中对垃圾进行脱水预处理，可以减少进入填埋区混合垃圾的水分，减少渗滤液产量，减少垃圾堆体沉降度，增强垃圾堆体的稳定性，但是相应地将增加能耗和延长垃圾处理周期，加大控臭压力，就填埋场开展清洁生产的工作而言应该综合考虑。目前，北京市的生活垃圾填埋场基本采用卫生填埋或全密闭填埋。填埋场的生活垃圾在厌氧条件下产生大量的填埋气，填埋气中含甲烷约50%，二氧化碳约50%。甲烷气的温室效应是二氧化碳气体的20倍，填埋气直接排放不仅存在安全隐患，而且浪费燃料，不利于清洁生产，应提高填埋气的收集利用率。收集的填埋气做燃烧处理，燃烧产生的热能可发电或作其他种类的余热利用。

6.2.2.5 生活垃圾堆肥

堆肥是在人工控制水分、温度、碳氮比和通风条件下通过微生物发酵将有机物转化为腐殖肥的过程，通过堆肥过程固体有机物的体积和质量大约减少1/2。目前，堆肥工艺有好氧堆肥和厌氧堆肥两种类型。好氧堆肥对有机物分解速度快、降解彻底、堆肥周期短，而且因堆肥温度高可以消灭活病原体、虫卵和垃圾中的种子等，所以堆肥厂一般采用好氧堆肥，但是持续通风所需的运转费用较高。厌氧堆肥工艺简单，运行费用低，但是产生大量甲烷和恶臭气体。通过技术的改造和发展，堆肥工艺基本舍弃了静态堆肥而采用动态或间歇式堆肥，提高了机械化和自动化程度，使得在大中城市发展大规模的堆肥厂成为可能，通过建设密闭的发酵塔、发酵筒、发酵仓等将堆肥过程密闭起来提高堆肥工艺可控性，实现了机械化和规模化，并且改善了环境条件。

6.2.2.6 生活垃圾热解

生活垃圾有机物的热解过程是在加热的条件下将有机大分子裂解成小分子，热解过程的通用表达式如下：

有机固体废物⟶气体（H_2＋CH_4＋CO＋CO_2）＋液体(有机酸＋芳烃、焦油)＋炭黑＋炉渣。

热解处理生活垃圾以回收燃烧油及燃烧气，是一种资源回收的途径。热解方式有内加热和外加热，有高温热解和低温热解，有产气技术和产油技术，有回转炉、竖井炉、移动床、流化床等技术。由于生活垃圾成分复杂，热解条件难以控制，用热解方式处理混合生活垃圾有一定的困难，但是用于处理餐厨垃圾应该有广阔的前景。

6.2.2.7 生活垃圾焚烧

为了提高生活垃圾的低位热值，减少水分，以方便焚烧炉等下一步作业的顺利进行，一般要求对进焚烧厂的混合生活垃圾进行脱水处理。一般的脱水方法是将混合垃圾堆放 5～7d，通过自然微生物发酵脱水，或者在鼓风条件下采用生物干燥法。生活垃圾脱水过程产生的臭气经过处理达标排放，或者引入焚烧炉助燃。

为了满足焚烧炉的燃烧条件，有必要对进厂生活垃圾进行分类或分选，热值较低的不适合焚烧处理的垃圾应采用别的处理方式。

焚烧技术的核心在于焚烧炉的燃烧过程控制，目前主要有炉排焚烧炉、回转窑和流化床焚烧炉，即第一代焚烧炉，燃烧温度在 800℃以上，目前主要以炉排焚烧炉层燃方式为主。

第二代垃圾焚烧工艺——气化熔融集成技术，主要特征是将垃圾气化，可燃气和气化炉排渣一起在高温（1300℃）熔融炉内熔融固化处理，使二噁英、重金属等污染物排放最低，同时提高锅炉效率和发电效率。

焚烧炉余热利用是焚烧厂清洁生产的重要环节，目前大多数焚烧炉都配有发电机组，但转化率不高，应推广热电互补综合利用模式提高能量的转化率。

6.2.2.8　生活垃圾渗滤液收集处理

生活垃圾渗滤液的收集处理过程相对成熟和规范。生活垃圾渗滤液收集方式主要采用在垃圾堆体底部预留收集池泵送收集，处理技术主要有生化硝化反硝化、纳滤、超滤、反渗透等。渗滤液收集处理过程的清洁生产技术主要体现在多种污水处理技术的综合利用、优化工艺、减少能耗及提高效益上。

6.2.2.9　生活垃圾填埋气收集处理

目前，生活垃圾填埋场的填埋气收集方法主要是采取填埋场垃圾堆体全密闭负压收集的方式，填埋气的收集率比较低，甚至有填埋场的填埋气直接排放。基于清洁生产的考虑，填埋场应该对填埋气进行收集。依照目前全密闭填埋场填埋气的收集情况来看，填埋气的收集率有望提高到 90%。填埋气的利用主要是燃烧其中的可燃成分，实际上填埋气中的气体可以分离提纯，发挥其更大的作用。当然填埋气的收集和处理技术与填埋场的规模相关，如果填埋场规模太小，投入回报率较低，填埋气的收集和处理技术就没有推广的价值。

6.2.2.10　生活垃圾焚烧炉烟气处理

垃圾焚烧过程中烟气的主要成分为二氧化碳（CO_2）、水汽（H_2O）、氮气（N_2）、氧气（O_2），但是也含有少量有害物质，包括烟尘、酸性气体（HCl、HF、SO_2）、氮氧化物（NO_x）、一氧化碳（CO）、总烃类化合物（THC）、重金属（Pb、Be、Hg、Cd、Cr）等，以及痕量的二噁英等。烟气处理主要是处理烟尘、酸性气体、重金属和二噁英等。

除尘器主要有静电除尘器、袋式除尘器和离心式除尘器等。烟尘含量还与焚烧炉膛内的搅动程度有关，一般炉排焚烧炉比流化床焚烧炉烟尘含量低。

酸性气体主要来自垃圾中的塑料，尤其是烟气中的 HCl、HF。烟气中的酸性气体一般通过在烟气中喷石灰粉（或其他碱性药粉）或石灰浆来去除，也可以在焚烧炉膛中加石灰去除。

烟气中的氮氧化物一般通过在炉膛中加氨催化脱氮或者加尿素脱氮的

方法去除。也可以通过调整通风和二次燃烧等方式消除烟气中的氮氧化物。

烃类化合物和一氧化碳都是垃圾不完全燃烧造成的，通过调整燃烧温度和燃烧速度来消除，也可以通过加大通风和二次燃烧等方式消除。

控制二噁英产生的方法是“3T”法，即温度、时间、涡流。保持焚烧炉内的温度在800℃以上，最佳温度为850～950℃。保证足够的焚烧炉内停留时间，一般要求2s以上。优化焚烧炉炉型和二次空气的喷入方式，充分混合和搅拌烟气使得燃烧尽量完全。

在烟气处理过程中尽量缩短250～800℃温度区域的停留时间，快速降低烟尘温度，避免前躯体在烟道中再次产生二噁英。在烟尘处理过程中采用活性炭吸附已经生成的二噁英，或者用其他活性材料吸附，也可以通过催化分解的方式去除烟尘中的二噁英。

焚烧厂的烟气处理一般有以下几种常见方法的联合。

① 干法＋除尘器：焚烧炉→消石灰或其他碱性药粉→除尘器→烟囱。

② 干法＋除尘器＋湿法：焚烧炉→消石灰或其他碱性药粉→除尘器→湿式洗涤塔（碱性药剂）→烟囱。

③ 干法＋除尘器＋湿法＋脱氮塔：焚烧炉→消石灰或其他碱性药粉→除尘器→湿式洗涤塔（碱性药剂）→再加热→脱氮塔→烟囱。

6.3 公园景区清洁生产先进管理经验和技术

6.3.1 管理理念

旅游业与环境是一个双向交互的过程，一方面，环境资源为旅游业提供物质基础；另一方面，旅游业也产生出许多令人反感的副产品。这些副产品被直接排放到环境中去，改变了环境的固有状态，进而影响用于满足旅游需求的资源数量和质量。这种影响是广泛而深入的，要避免或最小化这些负面影响，就必须采取一体化的预防策略，即推行清洁生产。旅游业清洁生产的目的是因地制宜、合理开发利用和保护旅游资源，坚持反映自然、文化、社会和经济协调发展的规划、建设和经营管理，把旅游业对环境的负面影响降到最低。

6.3.1.1　绿色交通

（1）陆运交通工具

公园内原则上不应使用机动车辆，如必须要使用，应推广使用无铅汽油，以减少四乙基铅的污染；用电力作动力，减少尾气排放；保持发动机过滤器的清洁干净，以确保其高效工作；保持合适的轮胎压力系数，以实现燃料的高效燃烧；公园内的公路要设置弯道和起伏作用来限速。

（2）水上交通工具

水上交通工具有风景河段上的游船、竹筏、独木舟、乌篷船、救生装备等。

（3）空中交通工具

公园的基础设施一般因地势和环境而设，难以使用空中交通工具，也不提倡开展空中旅游观光活动，以保持绿色生态的自然特性。

6.3.1.2　绿色厕所

遵循源头控制、就地处理、就地利用的生态原则。节水节能，减少排污量，有效处理排泄物，使其回归自然，可循环利用，从而减少对环境的影响。

6.3.1.3　绿色能源

根据森林生态各方面条件，因地制宜地选择不同的绿色能源，以减轻生态环境的压力。

6.3.1.4　绿色旅游商品

绿色旅游商品指的是资源耗用低、亲和环境、健康安全且具有审美价值和一定实用价值的天然商品或人工制品，一般具有纪念、欣赏、保值、馈赠意义或使用价值。绿色旅游商品既要满足于现有资源的利用水平，也要满足于现有的工艺水平。绿色旅游商品的开发设计要突出表现其特点的地方性、环保性、实用性和方便性，在产品设计中，要综合考虑各种因素，如材料选择、功能、包装、回收、无污染、安全等，其生产过程应该是一种清洁生产。开发地方特产如山野菜、野花蜜、野果罐头等系列绿色食品，制作和包装要求在保证特色的前提下加以改进，简化包装，鼓励采用可再生材料制成的环保材料以及便于多次使用的包装材料，无浪费、无污染、无公害，符合环保、卫生标准。

6.3.1.5 绿色餐饮

为游客提供安全、有利于人体健康的产品，并且在整个经营过程中，坚持合理利用资源，保护生态环境。尽可能利用可再生能源或清洁能源，合理利用常规能源，采用节能技术，提高能源利用效率，推广使用节能灶、秸秆气化。利用生态农业生产出来的绿色食品或有机食品作为原料。餐具应经久耐用，不提倡一次性用品。修建绿色建筑，餐厅要求其从设计到建成全过程都必须符合生态要求。建立雨水收集使用系统、中水回收使用系统和废物回收使用系统。

6.3.1.6 绿色营销

绿色营销就是围绕森林生态绿色产品而开展的各项促销活动的总称。其核心是通过信息传递，树立公园的绿色形象，使之与消费者的绿色需求相协调，巩固公园的市场地位。绿色营销首先是一种观念，公园要通过宣传自身的绿色营销宗旨，在公众中树立良好的绿色形象；其次，绿色营销又是一种行动，公园可以利用各种传媒宣传自己在绿色领域的所作所为，并积极参与各种与环保有关的事务，以实际行动来强化公园在公众心目中的印象；最后，公园还应大力宣传绿色消费时尚，告诉人们使用绿色产品、支持绿色营销，本身就是对社会、对自然、对他人、对未来的奉献，提高公众的绿色意识，引导绿色消费需求。

6.3.1.7 绿色管理

绿色管理就是融环境保护的理念于公园的经营管理和生产活动之中。这一思想可概括为“5R”。

① 研究（research）：把环保纳入公园的决策要素之中，重视研究公园的环境对策。

② 减消（reduce）：采用新技术、新工艺，减少或消除有害废物的排放。

③ 再开发（rediscover）：变传统产品为绿色产品，积极争取绿色商标。

④ 循环（recycle）：对废旧产品进行回收处理，循环利用。

⑤ 保护（reserve）：积极参与园区的环境整治，对员工公众进行环保宣传，树立公园形象，如严格控制旅游高峰期游人，以免对资源造成负面影响。

在回归自然、体验自然、认识自然、保护自然的绿色生态旅游观引导下，将清洁生产应用到公园开发中，为游人提供形式多样的绿色旅游产品，实现公园的可持续发展。

6.3.2　清洁生产技术

6.3.2.1　资源类清洁生产先进技术

（1）建设中水利用设施

发达国家和地区的厕所冲洗、园林和农田灌溉、道路保洁、洗车、城市喷泉、冷却设备补充用水等，都使用中水。中水利用技术的特点为用各种物理、化学、生物等手段对工业所排出的废水进行不同深度的处理，达到工艺要求的水质，然后回用到工艺中去，从而达到节约水资源、减少环境污染的目的。中水处理基本工艺有：二级处理→消毒；二级处理→砂过滤→消毒；二级处理→混凝→沉淀（澄清、气浮）→砂过滤→消毒；二级处理→微孔过滤→消毒。典型的中水设施见图 6-4。

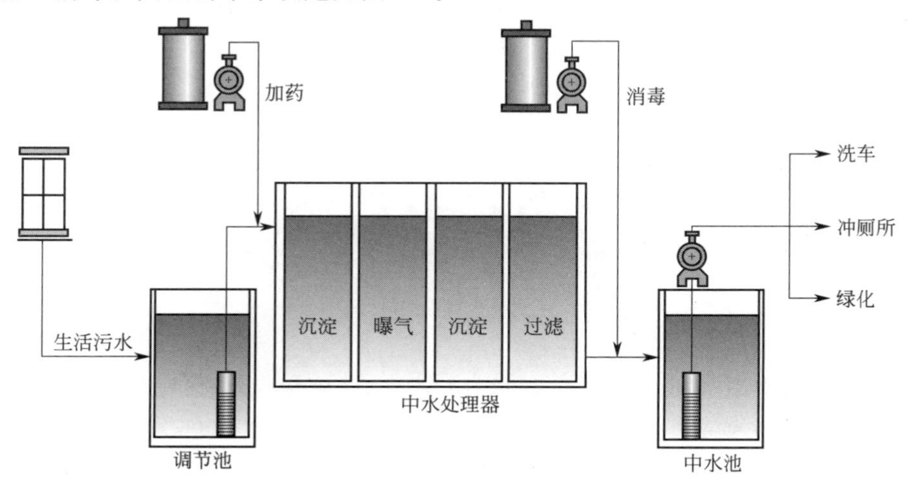

图 6-4　典型的中水设施

该技术适用于市政中水不能覆盖的公园景区。适用条件：a. 公园景区要有稳定的中水水源，且水质相对比较稳定；b. 中水必须要有明确的用途，例如绿化、浇洒道路、冲厕等。中水利用不仅可以获取一部分主要集中于城市的可利用水资源量，还体现了水的“优质优用、低质低用”的原则，在公园景区中具有很好的推广前景。

（2）雨水收集与利用

成熟的雨水利用技术从雨水的收集、截污、储存、过滤、渗透、提升、回用到控制都有一系列的定型产品和组装式成套设备。对于雨水的利用工程可分为雨水收集、处理和使用 3 个部分。雨水收集的方式有许多种形式，例如屋顶集水、地面径流集水、截水网等。雨水收集后的处理过程与一般的污水处理过程相似，由于雨水水质比一般回收水的水质好，依据试验研究显示，雨水除了 pH 值较低（平均约为 5.6）以外，其主要污染物是初期降雨所带入的收集面污染物或泥砂，而一般的污染物（如树叶等）可经由筛网过滤，泥砂则可经由沉淀及过滤的处理过程加以去除。雨水的使用，在未经过妥善处理前（如消毒等），一般建议以用于替代不与人体直接接触的用水（如卫生用水、浇灌等）为主；也可将所收集下来的雨水，经处理与储存的过程后，用水泵将雨水提升至顶楼的水塔，供厕所的冲洗使用；也可作为消防用水、洗车用水、绿地浇灌用水、景观用水、道路浇洒用水等。雨水利用技术的设施主要有透水地面砖、截流式雨水口、填料蓄水池。典型的雨水收集与利用流程见图 6-5。公园雨水收集与利用设施见图 6-6。

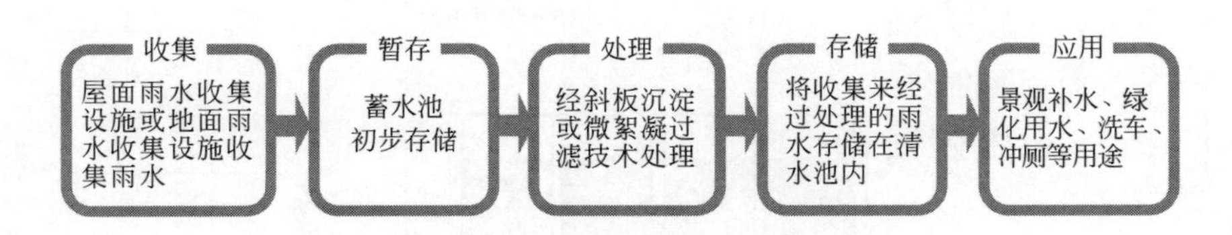

图 6-5　典型的雨水收集与利用流程

实施城市雨水利用技术不仅可以减少雨水径流量、延缓径流时间、增加城市可利用的水资源、补充地下水，而且中水利用在公园景区尤其在北方水资源短缺的公园景区中具有很好的推广前景。

图 6-6　公园雨水收集与利用设施

(3) 园林绿化废物回收利用

园林绿化废物是指在绿化美化和林业生产工作中，所产生的枝干、根茎、落叶、草屑、花瓣及其他有机废物。近年来，随着园林绿化事业的飞速发展，园林绿化废物产生数量逐年飙升，绝大部分废物都没有实现资源化利用。园林绿化废物主要采用就地堆放、填埋焚烧等方式处理，不仅占用了宝贵的土地资源，极大地增加了城市垃圾的处理压力和成本，而且给城市生态环境建设带来了一定的影响。园林绿化废物的成分主要为有机物，是重要的生物质资源。通过发展生物质能源、生物有机肥和食用菌菌棒等，可以使其得到有效的资源化利用，并且能够通过产业化发展，创造可观的经济效益和社会效益。园林废物资源化利用（图 6-7）的第一种模式是生产肥料。先用大型粉碎机粉碎树枝，树枝粉碎后形成一个粒径 10cm 左右的小树棍，再用电驱雪片式雪片机进行一遍细粉，细粉以后粒径在 0.2～0.3cm 之间，最后加积肥、菌种配比好以后就可以直接堆肥。第二种模式是制作林业生物质能源。生物质能源的固体成型燃料在郊区用途非常广泛，特点是就地取材，利用方便。第三种模式是就地粉碎，覆盖再利用。这种模式主要针对森林废物。森林废物如果不及时处理会造成火灾、病虫害隐患。进行处理后可覆盖在一些水土流失的区域；覆盖在森林公园里可作为游人步道，这也是一种流行的环保模式。

图 6-7　绿化废物回收利用

园林绿化废物资源化再利用的程度还比较低，大量的绿化垃圾没有得到很好的处理和利用。现在很大一部分园林废物处理装置处于闲置状态。主要有以下 2 个原因。

① 收集成本普遍高于再利用效益。由于园林废物质地疏松，收集运输的经济成本和环境成本都比较高。

② 园林绿化废物再利用技术、设备均不是很完善。堆肥、制作食用菌菌棒等模式存在转化效率低、环境污染、占地面积大等问题。城市园林绿化废物要想更大规模、更高效益地资源化再利用，必须分类分别处理，主要利用方式为生物质能源气化作燃料气。对于生物质能源气化作燃料气最关键的就是原料分类分别处理。因为混合原料处理会产生不易处理的副产物，其中副产物焦油会堵塞设备管道，使设备不能正常使用。

虽然对园林绿化废物分类会增加处理成本，但是可以获得更大效益，也利于提高园林绿化废物资源化利用率。

6.3.2.2 能源类清洁生产技术

（1）使用地源热泵

地源热泵机组的工作原理就是在夏季从土壤或是地下水中提取冷量，由热泵原理通过空气或水作为载热剂降低温度后送到建筑物中；在供暖季，则从土壤或地下水中提取热量，由热泵原理通过空气或水作为载冷剂提升温度后送到建筑物中，从而实现热交换过程（图6-8）。要特别指出的是，地热泵中的冷热源不是指地下的热气或热水，而是指一般的常温土壤、地表水、地下水。地源热泵可利用的地下水或土壤温度冬季为8～15℃，热源温度比环境空气温度高，所以热泵循环的蒸发温度提高，能效比也提高。而夏季地下水或土壤温度为10～24℃，冷源温度比环境空气温度低，所以制冷的冷凝温度降低，使得冷却效果好于风冷式和冷却塔式，机组效率提高。

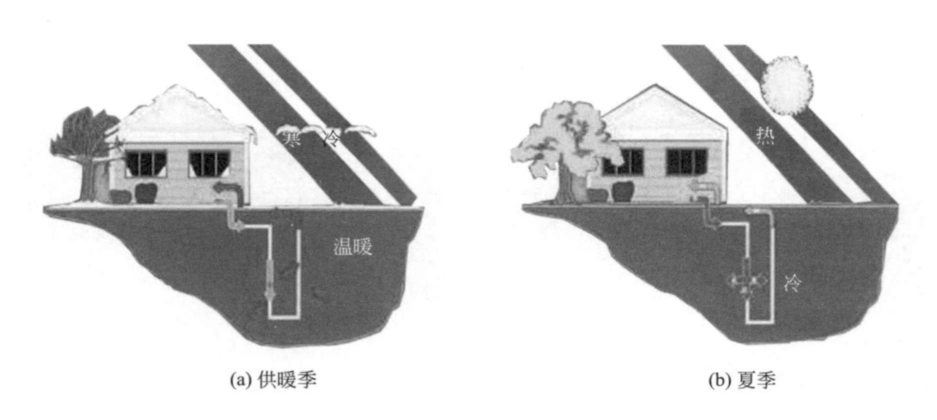

(a) 供暖季　　(b) 夏季

图6-8　地源热泵原理示意

该技术适用于具有地热资源的公园景区。

地源热泵系统是一种先进、高效节能、无任何污染的供暖空调方式，在建筑的用能领域，是作为环保和节能首推的新技术应用项目。

（2）使用LED节能灯和太阳能灯

LED节能灯是继紧凑型荧光灯（即普通节能灯）之后的新一代照明光源。相比普通节能灯，LED节能灯环保不含汞，可回收再利用、功率小、高光效、长寿命、即开即亮、耐频繁开关、光衰小、色彩丰富。2016～2017

年，北京市按计划推广 LED 筒灯、LED 直管灯、地下停车场 LED 感应灯 95 万只，在展览馆、高校启动了智能照明试点，年节电 1 亿千瓦·时，年减排 8 万吨 CO_2，环境效益、经济效益和社会效益良好。为公园景区提供以人为本的高质量照明产品，在降低能耗的同时提升了服务质量，符合清洁生产的内在要求。

太阳能灯是由太阳能电池板转换电能的。在白天，即使是在阴天太阳能发电机（太阳能板）也能收集、存储需要的能量。太阳能灯可广泛用于草地、广场、公园等场合的照明点缀装饰（图 6-9），属于灯具技术领域。其主要采用灯罩连接底托，电池板置于电池盒上，内置于灯罩内，电池盒安装在底托上，发光二极管安装在电池板上，太阳能电池板采用导线连接可充蓄电池及控制电路；无外接电源线，使用安装方便，外形美观；由于采用发光二极管置于底托内，发光后整个灯体都被照亮，光感效果更佳；所有电器元件内置，具有很好的实用性。太阳能灯具有亮度高、安装简便、工作可靠、不敷设电缆、不消耗常规能源、使用寿命长等优点，采用高亮度 LED 发光二极管设计，无需人工操作，灯具天黑自动点亮，天亮自动熄灭。

图 6-9　公园景区太阳能灯

6.3.2.3　环境保护类清洁生产技术

（1）污水处理技术

公园景区污水排放具有明显的季节性和时段性，污水量相对较少时，污水处理构筑物难以连续运转，应选用调试容易、运转灵活的工艺。目前较适用的污水处理技术有生物接触氧化、膜生物反应器、人工湿地等。

1）生物接触氧化　生物接触氧化（bio-contact oxidation）是一种介于活性污泥法与生物滤池之间的生物膜法工艺，其特点是在池内设置填料，池底曝气对污水进行充氧，并使池体内污水处于流动状态，以保证污水与污水中的填料充分接触，避免生物接触氧化池中存在污水与填料接触不均的情况。生物接触氧化是由浸没在污水中的填料和人工曝气系统构成的生物处理工艺。在有氧的条件下，污水与填料表面的生物膜反复接触，使污水得到净化。该法中微生物所需氧由鼓风曝气装置供给，主要由曝气鼓风机和专用曝气器组成，生物膜生长至一定厚度后，填料壁的微生物会因缺氧而进行厌氧代谢，产生的气体及曝气形成的冲刷作用会造成生物膜的脱落，并促进新生物膜的生长，此时脱落的生物膜将随出水流出池外。其污水处理效果见表 6-1。

表 6-1　生物接触氧化污水处理效果

项目	进水	出水
COD_{Cr}/(mg/L)	200～500	≤70
BOD_5/(mg/L)	100～300	≤20
SS/(mg/L)	200～450	≤30

此工艺容易控制、便于管理，一般情况下不受占地面积的限制。由于污水量相对较少，处理规模较小，在设计时设备多采用自动化实行自动控制和监测，减少人员操作。

2）膜生物反应器　膜生物反应器（membrane bio-reactor，MBR）为膜分离技术与生物处理技术有机结合的新型废水处理系统。以膜组件取代传统生物处理技术末端的二沉池，在生物反应器中保持高活性污泥浓度，提高生物处理有机负荷，从而减少污水处理设施占地面积，并通过保持低污泥负荷减少剩余污泥量。膜生物反应器因其有效的截留作用，可保留世代周期较长的微生物，可实现对污水的深度净化，同时硝化菌在系统内能充分繁殖，其硝化效果明显，为深度除磷脱氮提供可能。

由于公园景区占地面积有限，膜生物处理技术以其出水水质好、工艺参数易于控制、占地面积小、易于自动控制管理等优点，在公园景区的小型污水处理厂中有很大的提升空间。尽管 MBR 工艺也存在着能耗高、易出现膜污染等技术问题，但由于其出水水质好，在公园景区污水处理中具有较好的推广前景。

3）人工湿地　人工湿地是由人工建造和控制运行的与沼泽地类似的地面，将污水、污泥有控制地投配到经人工建造的湿地上，污水与污泥在沿一定方向流动的过程中，主要利用土壤、人工介质、植物和微生物的物理、化学、生物三重协同作用，对污水、污泥进行处理。景区污水处理若要与周边环境相协调，人工湿地不失为一种选择工艺。工艺流程见图 6-10。

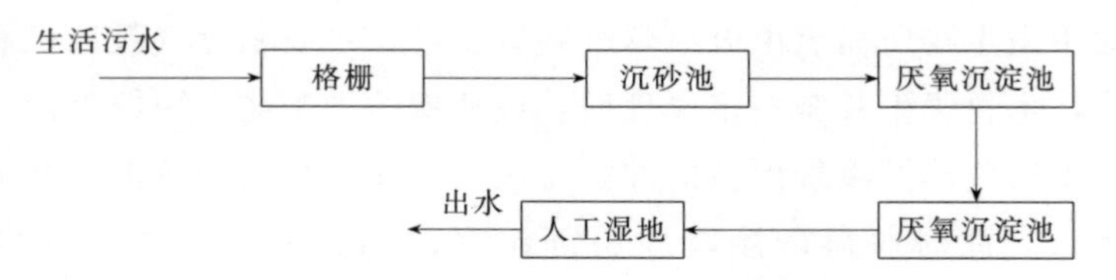

图 6-10　人工湿地生态系统除污工艺流程

人工湿地生态系统污水处理技术处理效果稳定，抗冲击效果强，廉价、易操作、能长久维持，而且几乎不需要消耗化学燃料和化学药品。另外，人工湿地为野生生物提供良好的栖息场所。因此，人工湿地在公园景区尤其是郊区公园景区中具有很好的推广应用前景。

（2）锅炉废气治理技术

1）湿法除尘技术　以某种液体（通常为水）为媒介物，借助于惯性碰撞、扩散等机理，将粉尘从含尘气流中予以捕集的设备称为湿式除尘器。该类设备在消耗同等能量的情况下除尘效率要比干式除尘器高。湿式除尘器适用于处理高温、高湿的烟气以及黏性大的粉尘，同时适用于非纤维性的能受冷且与水不发生化学反应的含尘气体，还可净化很多有害气体。

2）锅炉废气脱硫技术　根据处理产物的形式和脱硫的方式进行划分，可分成干法、半干法和湿法 3 大类。

① 干法工艺：吸收剂以干粉形式进入吸收塔，所产生的脱硫副产品（脱硫后）是干态。

② 半干法工艺：吸收剂以浆液形式进入吸收塔，所生成的脱硫副产品（脱硫后）是干态。

③ 湿法工艺：吸收剂以浆液形式进入吸收塔，所生成的脱硫副产品（脱硫后）是湿态。

3）锅炉废气脱硝脱氮技术　控制 NO_x 产物总量的方法主要有以下几种。

① 低过量空气燃烧：燃烧过程在接近理论空气量的条件下进行，由于烟气中过量氧的减少，可以抑制 NO_x 的生成。

② 空气分级燃烧：该方法的基本原理就是将燃料的燃烧过程分阶段进行。

③ 烟气再循环：在锅炉的空气预热器前抽取一部分低温烟气直接送入炉内，或与一次风或者二次风混合后送入炉内。

④ 低 NO_x 燃烧器：这种方法尽可能降低着火氧的浓度，适当降低着火区的温度，达到最大限度地抑制 NO_x 产生的目的。

4）锅炉废气脱硫除尘技术　锅炉废气脱硫除尘的方法很多，其中脱硫除尘一体化装置效果较好，可分为湿式、干式和干湿结合3类技术。

① 湿式双旋脱硫除尘技术：采用喷淋、水膜、水帘进行除尘脱硫。该装置除尘效率在95%左右，脱硫效率在使用脱硫剂时可达70%左右。

② 干式吸附过滤技术：利用可循环再生的固定吸附材料，除去烟气中的 SO_2 和烟尘，水洗再生。这种装置具有很高的脱硫除尘效率，除尘效率大于95%，脱硫效率大于80%，烟气温度低，无二次污染，可回收副产品。

③ 干湿结合式锅炉烟气脱硫除尘技术：脱硫除尘装置的主体设备为一立式塔，塔内兼用干、湿结合的结构形式，其下部为旋风除尘段，中部为吸收段（装有筛板），上部是脱水段。该装置除尘效率可达95%以上，脱硫效率可达70%，特别适用于6t/h以下的小型燃煤锅炉，但是整个装置成本较高。

（3）餐饮油烟处理技术

为了降低公园景区内餐饮业油烟排放量，可采用如下几种净化技术。

1）机械净化法　原理是利用油烟颗粒的质量大于空气质量，通过重力、离心力、惯性力等使油烟颗粒分离出来，以达到油烟净化的目的。这种方法使用设备简单，压力小，成本较低，但去除油烟的效率不高，通常只有50%～70%，对粒径较小的成分难以达到分离效果，分离的油烟污染物易堆结且不易清洗，一般只做小范围净化工艺的预处理。

2）静电沉积法　原理是使油烟废气通过高压电场，使油烟微粒荷电在电场力的作用下沉积下来，以达到净化的目的。该方法对于小颗粒气溶胶的去除能力强，设备体积小、净化效率高、能耗较小。但该法形成的油垢黏度较大，不易清洗。

3）洗涤吸收法　使吸收液与油烟废气接触，使污染物由气相转为液相从而得以去除。这种方法处理效率高，且对燃烧产生的污染物 SO_2、NO_x 等也有一定的去除效率，但在选择吸收液方面应慎重。

4）过滤吸收法　原理是使油烟废气中的颗粒物在与过滤材料惯性碰撞、截留和扩散沉积的共同作用下被捕集于滤料中，从而达到净化的效果。这种方法投资小，操作简单，对油烟中的颗粒气溶胶吸附性大。

5）热氧化焚烧法和催化净化法　热氧化焚烧法是利用热推进的反应，将油烟气中的有毒成分转换成安全状态，适用于大型餐饮业。催化净化法是采用各种具有自净化功能的催化剂，在烹调过程中通过催化氧化燃烧将油液滴转化为 CO_2 和水蒸气，从而清除污染和臭味。这两种方法投资较大，在欧美较为多见。

6）复合式处理方法　包含 2 种或 2 种以上油烟雾的净化方法。它能够集中几种技术的优点，取得较好的净化效果。

（4）园林绿化使用有机肥

园林绿化使用有机肥主要来源于植物和（或）动物，施于土壤，是以提供植物营养为主要功能的含碳物料，由生物物质、动植物废物、植物残体加工而来，消除了其中的有毒有害物质，富含大量有益物质，包括多种有机酸、肽类以及包括氮、磷、钾在内的丰富的营养元素。不仅能为农作物提供全面营养，而且肥效长，可增加和更新土壤有机质，促进微生物繁殖，改善土壤的理化性质和生物活性。

（5）汽油、柴油车辆电气化

使用以电动汽车为核心的清洁交通工具，实现公园景区交通电气化，即实现少油化、无油化运行，减少空气污染，同时减少油耗。

6.3.2.4　增效类清洁生产技术

（1）更换高能耗空调

2010 年 6 月 1 日国家质量监督检验检疫总局、国家标准化管理委员会发布《房间空气调节器能效限定值及能效等级》（GB 12021.3—2010），将空调能效等级分为 3 个等级。目前国内销售的空调都有“中国能效标识”（CHINA ENERGY LABEL）字样的彩色标签，为蓝白背景的彩色标识，分为 1、2、3 共 3 个等级。等级 1 表示产品达到国际先进水平，最节电，即耗能最低；等级 2 表示比较节电；等级 3 表示产品的能源效率为我国市场的平均水平。用 2 级以上能效比空调替代公园的高能耗空调。

（2）使用节能型变压器

节能型变压器，例如非晶合金变压器（SBH15 变压器），是 20 世纪 70 年代开发研制的。主要有以下特点：超低损耗特性，省能源、用电效率高；非晶金属材料制造时使用较少能源以及其超低的损耗特性，可大幅节省电力消耗，降低环境影响；运转温度低、绝缘老化慢、变压器使用寿命长；高超载能力，高机械强度；非晶铁心在通过较高频率磁通时，仍具有低铁损及低激磁电流的特性而不致产生铁心饱和的问题，故以非晶铁心制成的 SCBH15 型非晶合金变压器具有较好的耐谐波能力。SCBH15 变压器与普通 SC1 系列、SCB8 系列变压器技术参数对比见表 6-2。

表 6-2　改造前后变压器技术对比

变压器型号	电压等级/kV	空载损耗/kW	负载损耗/kW	空载电流/%	短路阻抗/%
SC1-630kVA	10	1.85	9.10	1.8	6
SCBH15-630kVA	10	0.42	5.88	0.7	4
SCB8-1000kVA	10	2.21	9.56	1.4	6
SCBH15-1000kVA	10	0.55	7.65	0.6	6

（3）提高锅炉效率

锅炉热效率是指单位时间内锅炉有效利用热量占锅炉输入热量的百分比，或相应于每千克燃料（固体和液体燃料），或每标准立方米燃料（气体燃料）所对应的输入热量中有效利用热量所占百分比。燃料送入锅炉的热量，大部分被锅炉受热面吸收，产生水蒸气，这是被利用的有效热量。而另一部分热量损失掉了，这部分热量称为热损失。现代大型锅炉的热效率在 90%左右。提高锅炉热效率就是增加有效利用热量，减少锅炉各项热损失，其中重点是降低锅炉排烟热损失和机械未完全燃烧热损失。

① 降低锅炉排烟热损失。降低空气预热器的漏风率，特别是回转式空气预热器的漏风率；严格控制锅炉锅水水质，当水冷壁管内含垢量达到 $400mg/m^3$ 时，应及时酸洗；尽量燃用清洁燃料，降低空气预热器入口空气温度。

② 降低机械未完全燃烧热损失。根据锅炉负荷及时间调整燃烧工况，合理配风，尽可能降低炉膛火焰中心位置，让煤在炉膛内充分燃烧；根据原煤挥发分及时间调整给煤量，使煤量维持最佳值；降低锅炉的散热损失，主要是加强锅炉管道及本体保温层的维护和检修。

(4) 推广节水器具

节水器主流可分为机械式节水器（如恒流节水器、水龙头节水器、淋浴节水器、延时自闭水龙头等）和感应式节水器（如感应水龙头、槽式节水器、IC卡节水器等）两大类。水龙头节水器的基本工作原理是由阀芯内的止水塞和浮动式活塞及弹簧等组成自动检测装置，当供水压力增加时压缩内弹簧，活塞带动止水塞向上运动，使过水通道有效供水面积减小，输出水流减少；当供水压力减小时内弹簧复位，使活塞带动止水塞向反方向运动，使过水通道有效供水面积增大，输出水流增加，这样往复的自动调节，使止水塞可以随进水压力的大小变化而上下浮动来保持出水流量的相对稳定，达到恒流的目的。

(5) 使用滴灌绿化设备

滴灌是按照作物需水要求，通过低压管道系统与安装在毛管上的灌水器，将水和作物需要的养分一滴一滴均匀而又缓慢地滴入作物根区土壤中的灌水方法。滴灌不破坏土壤结构，土壤内部水、肥、气、热经常保持适宜于作物生长的良好状况，蒸发损失小，不产生地面径流，几乎没有深层渗漏，是一种省水的灌水方式。滴灌的主要特点是灌水量小，灌水器每小时流量为2～12L，因此，一次灌水延续时间较长，灌水的周期短，可以做到小水勤灌；需要的工作压力低，能够较准确地控制灌水量，可减少无效的棵间蒸发，不会造成水的浪费；滴灌还能进行自动化管理。

(6) 根据土壤水分含量灌溉

根据实时监测多深度的土壤水分含量，科学地控制灌溉。根据实时监测作物主根区土壤的水分含量以及设定的土壤水分上限、下限，自动适应在气候环境下进行科学、有效地控制灌溉。将土壤水分传感器放置在最具代表性的位置，可以优化灌溉区域，最大限度地有效使用灌溉水，提高水的利用率，确保灌溉的科学性和节水性。

通过中央控制软件，实现远程无线控制灌溉，并可对后期监测的多深度土壤水分含量进行进一步的数据分析。

(7) 生态厕所

生态厕所是环保厕所中的一类，是指不对环境造成污染，并且能充分利用各种资源，强调污染物自净和资源循环利用功能的一类厕所。

目前的生态厕所利用率最高的是微生物菌种分解粪便的厕所，它利用微生物生长繁殖活动对粪便中可利用的大分子有机化合物进行生物降解，并转化为菌体生物量，竞争性地抑制并杀死粪便中的病原性微生物，吸附、降解、转化粪便中产生的臭味物质，实现了粪便的无害化、资源化处理，能达到零排放的功能，对环境不造成污染。

生态厕所的清洁性主要体现在以下2个方面。

1）减少或根除人类粪污带来的环境污染问题　通过各种技术手段或社会分工协作，对厕所收集的粪污进行就地处理或异地处理，使粪污无害化后再回归于环境。在进行粪污处理时往往会带来一些附加的好处，例如回收了粪污中的有用成分用于制药、制肥或回收水资源。

2）减少了厕所对外界资源的依赖性，并节省资源　生态厕所具备粪便处理回收水的功能，也有一些厕所不使用水冲方式而达到洁净目的。还有一些厕所利用太阳能作为取暖能源。这些厕所在使用上更具有独立性，特别是对水资源的需求减少，从而具备了节水特点。

参考文献

[1] 建设部,环保总局,科技部．城市生活垃圾处理及污染防治技术政策［J］．环境保护，2000，9：28-29.

[2] 杨志泉,周少奇,吴硕贤．大型城镇污水处理厂的清洁工艺分析［J］．四川环境，2009，28(4)：37-41.

[3] 杨再鹏,孙杰,徐怡珊．清洁生产与循环经济［J］．化工环保，2005，25(2)：160-164.

[4] 蓝媛,汤灿．污水处理厂剩余污泥处理处置及清洁生产研究现状［J］．科技传播，2014，15：137-138.

[5] 熊代群,汪群慧,李继武,等．城镇生活污水厂实行清洁生产途径分析［J］．环境保护与循环经济，2012，7：38-40.

[6] 赵宝江,李江,王丽萍．污水处理厂节能减排的实现途径分析［J］．环境保护与循环经济，2010，30(11)：50-52.

[7] 尹发平．城镇污水处理厂清洁生产措施分析［J］．广东化工，2012，39(16)：131，117.

[8] 张绪婷,廖德志．污水处理系统清洁生产节能方案及措施［J］．科技与企业，2012，23：155.

[9] 胡斌,丁颖,吴伟祥,等．垃圾填埋场恶臭污染与控制研究进展［J］．应用生态学报，2010，21(3)：785-790.

[10] 岳波,林晔,黄泽春,等．垃圾填埋场的甲烷减排及覆盖层甲烷氧化研究进展［J］．生态环境学报，2010，19（8）：2010-2016.

[11] 刘大超．垃圾填埋场封场设计及封场后维护［J］．中国科技信息，2012，10：43.

[12] 周良．垃圾填埋场生态修复技术发展现状及思考［J］．环境科技，2012，25（4）：71-74.

[13] 郭小品,羌宁,裴冰,等．城市生活垃圾堆肥厂臭气的产生及防控技术进展［J］．环境科学与技术，2007，30（6）：107-112.

[14] 钟如龙,覃雪琼．南宁市垃圾堆肥场环境大气污染物现状分析及安全防护对策［J］．科技视界，2012，15：237-238.

[15] 王罕,赵伟,黄兴刚,等．运行方式对垃圾焚烧厂渗滤液处理效果的影响［J］．环境科技，2016：29（1）：36-39.

[16] 王婕,李剑锋．我国生活垃圾焚烧厂渗滤液处理探析［J］．资源节约与环保，2016，5：171，180.

[17] 仇庆春．垃圾填埋场和垃圾焚烧厂渗滤液处理工艺研究［J］．资源节约与环保，2014，11：70.

[18] 汤标光．贵港市公园景区精细化管理模式初探［J］．中国高新技术企业，2010，3：117-118.

[19] 俞青青,俞振鹏．论公园（景区)定性、评级、分类、定位与规划设计的关系［J］．华中建筑，2007，7：119-121.

[20] 李宏．太原市森林公园绿地有机残落物循环利用探讨［J］．山西林业，2007，6：19-20.

[21] 梅燕．旅游景区可持续发展新论［J］．中南民族大学学报（人文社会科学版），2003，23（S2）：138-139.

[22] 赵怀琼,王明贤,汪亮．天堂寨旅游业实现清洁生产的途径［J］．合肥工业大学学报（自然科学版），2007，30（5）：561-564.

[23] 朱国伟,陆小明．江苏省周庄风景区游客清洁生产活动的调查与分析［J］．南京师大学报（自然科学版），2002，5（2）：89-93.

[24] 陶卓民,芮晔．旅游景区清洁生产与可持续发展研究——以扬州凤凰岛景区为例［J］．中国人口．资源与环境，2002，12（3）：117-120.

[25] 田长顺．城市污水厂恶臭治理方法及发展趋势［J］．有色金属科学与工程，2011，2（1）：87-91.

[26] 吴敏,姚念民．关于微孔曝气器比较与选择的探讨［J］．环境保护，2002（5）：16-18.

第7章 环境及公共设施管理行业清洁生产审核案例

7.1 污水处理厂清洁生产审核典型案例

7.1.1 基本情况

某污水处理厂，设计污水处理量为100万吨/天，年实际处理水量为33245.3万吨。该污水厂主体工艺采用传统活性污泥法二级处理工艺：一级处理包括格栅、泵房、曝气沉砂池和矩形平流式沉淀池；二级处理采用空气曝气活性污泥法。污泥处理采用中温两级消化工艺，消化后经脱水的泥饼外运作为农业和绿化的肥料。消化过程中产生的沼气用于发电，可解决厂内20%的用电量。

7.1.2 预审核

(1) 主体设施与设备情况

预审核阶段，对污水处理厂的主要生产设备、电力供应和生产设施进行了调查分析。主要生产设备包括进水泵、雨水泵、鼓风机、回流泵、离心脱水机等；电力供应设备包括27台变压器；生产设施包括曝气沉砂池2个、初沉池24个、曝气池24个、二沉池24个、浓缩池12个、消化池16个、脱硫塔1座和气柜1个。

(2) 药剂消耗情况

使用的原辅材料主要指消耗的药剂，包含硫酸铝、聚丙烯酰胺（絮凝剂）和氯化亚铁。近3年药剂消耗量见表7-1。

表7-1 近3年污水处理厂药耗情况 单位：t

年份1			年份2			年份3		
硫酸铝	絮凝剂	氯化亚铁	硫酸铝	絮凝剂	氯化亚铁	硫酸铝	絮凝剂	氯化亚铁
21002.46	324.095	2506.85	19381.55	298.01	2087.28	23545.8	285.4	2389.42

根据《清洁生产评价指标体系 环境及公共设施管理业》（DB11/T 1262—2015），计算单位污水处理量化学除磷药剂用量（以 Al_2O_3 计），具体结果见表7-2。

表7-2 单位污水处理量化学除磷药剂用量计算结果

名 称	年份1	年份2	年份3
硫酸铝溶液用量/t	21002.46	19381.55	23545.8
硫酸铝用量(硫酸铝的含量为6%)/t	1260.15	1162.89	1412.75
氧化铝用量/t	375.83	346.83	421.35
污水处理量/10^4t	34190.34	33981.1	33245.3
单位污水处理量化学除磷药剂用量(以 Al_2O_3 计)/(g/t)	1.1	1.02	1.27

(3) 能源消耗情况

污水处理厂使用的能源有电力、热力、柴油、汽油、液化石油气。近3年污水处理厂电力消耗情况见表7-3。热力消耗情况见表7-4。汽油、柴油、液化石油气消耗情况见表7-5。

表7-3 近3年污水处理厂电力消耗情况

项目	年份1	年份2	年份3
电力/10^4kW·h	7187.45	7341.83	7682.6
单位污水处理量电耗/(kW·h/t)	0.210	0.216	0.231

表7-4 近3年污水处理厂热力消耗情况

种类	年份1	年份2	年份3
蒸汽/t	17495	26973	21217

表 7-5　近 3 年污水处理厂汽油、柴油、液化石油气消耗情况

项目	单位	年份 1	年份 2	年份 3
汽油	t	66.54	67.99	40.2
柴油	t	12.75	13.67	11.17
液化石油气	t	4.73	5.11	7.25

(4) 主要污染物排放及控制情况

1) 水污染物排放及控制情况　污水处理厂厂内排水主要是化验室废水、食堂废水、生活污水等，排入进水泵房前的格栅间，进入污水处理流程。另外，污泥浓缩池上清液、脱水机房压滤机的滤液等污水处理过程中产生的废水也一起排入进水泵房前的格栅间，进入污水处理流程。

污水处理厂二沉池出水中每天约有 46 万吨的出水进入再生水回用设施进行处理。

2) 大气污染物排放及控制情况　污水处理厂的大气污染物主要为污水处理过程中散发出来的恶臭气体。大气污染物排放标准执行北京市地方标准《大气污染物综合排放标准》(DB11/ 501—2007)。厂界大气污染物排放均达标。

3) 固体废物排放及控制情况　按照《城镇污水处理厂污染物排放标准》(GB 18918—2002) 的要求，污水处理厂的污泥进行稳定化处理，处理后达到相应的规定。污泥进行脱水处理，脱水后污泥含水率小于 80%，交给某污泥处置公司进行处理。

生活垃圾、曝气沉砂池出砂、危险废物等分别交由专门公司进行处理处置。

4) 噪声污染控制　污水处理厂厂界噪声执行《工业企业厂界环境噪声排放标准》(GB 12348—2008)。厂界噪声均达到排放标准。

(5) 清洁生产水平现状评价

通过现场查看，对照工业和信息化部发布的《高耗能落后机电设备（产品）淘汰目录（第一批）》(工节〔2009〕第 67 号)、《高耗能落后机电设备（产品）淘汰目录（第二批）》(工节〔2012〕第 14 号)、《高耗能落后机电设备（产品）淘汰目录（第三批）》(工节〔2014〕第 16 号)、《高耗能落后机电设备（产品）淘汰目录（第四批）》，发现污水处理厂的 4 台变压器为高耗能落后机电设备。通过本轮审核，目前 4 台变压器已完全淘汰更换。

根据《清洁生产评价指标体系 环境及公共设施管理业》（DB11/T 1262—2015），计算该污水处理厂清洁生产水平，得分为93.86分，达到“一级清洁生产领先水平”。

（6）确定审核重点

通过污水处理厂资源能源消耗、污染物产生排放等方面的现状及潜力分析，并结合审核小组成员及审核专家认真细致的分析和讨论，最终确定审核重点为污水处理过程中的节能、节水、降低物耗环节。

（7）设置清洁生产目标

根据污水处理厂的生产特点，选择单位污水处理量耗电量、单位污水处理量化学除磷药剂用量、单位污水处理量新鲜水耗用量等作为目标项，具体指标见表7-6。

表7-6 本轮清洁生产审核目标设置一览表

序号	清洁生产目标指标	现状	近期目标		远期目标	
			绝对量	相对量	绝对量	相对量
1	单位污水处理量耗电量/(kW·h/t)	0.231	0.226	−2%	0.219	−5%
2	单位污水处理量化学除磷药剂用量(以 Al_2O_3 计)/(g/t)	1.27	1.21	−5%	1.143	−10%
3	单位污水处理量新鲜水耗用量/(kg/t)	0.32	0.306	−5%	0.290	−10%

7.1.3 审核

（1）水平衡测试

审核期间，该厂用水量13469t，用水比例见图7-1。

可以看出，三分厂泥区的用水量最大，占比为48%，用于脱水机房溶药的水量占三分厂泥区总水量的86.9%；其次为厂前区，占比25%。

（2）电平衡测试

审核期间，污水处理厂用电量642.6万千瓦·时/月，电平衡测试结果见图7-2。

由电平衡分析可知，进水泵、鼓风机为污水处理厂的主要耗能设备。进水泵的用电量占全厂总用电量的20.93%，鼓风机的用电量占全厂总用电量的54.42%，进水泵、鼓风机的用电量占全厂总用电量的75.35%。

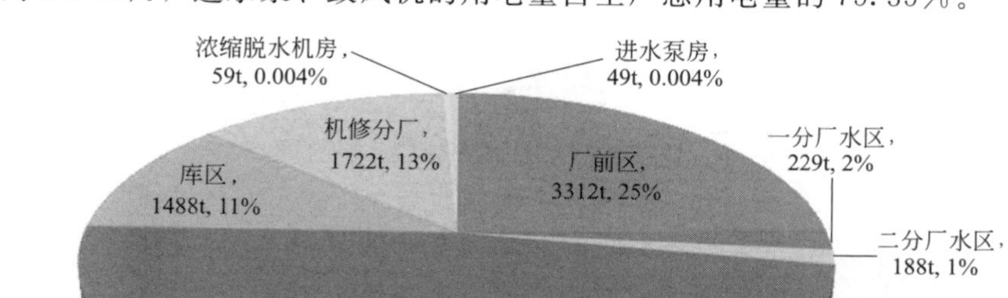

图7-1 各部分用水比例

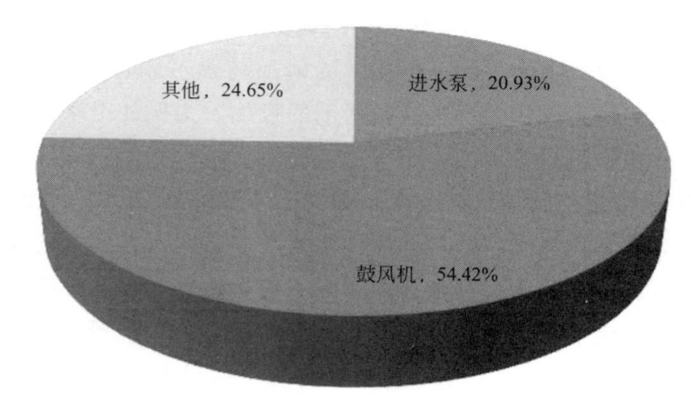

图7-2 污水处理厂各系统用电比例

（3）热力平衡测试

审核期间，污水处理厂热力用量853t，热力平衡测试结果见图7-3。

热力主要用于消化循环加热，占总热力的58%；其次是脱水机房热风，占比为27%。因此，这两部分的热力节约潜力较大。

（4）能耗、物耗、水耗、废物产生原因分析

污水处理厂能耗、物耗、水耗、废物产生的原因主要有以下几方面。

① 化学除磷药泵的加药量没有加装流量计，多靠人工经验值，造成药剂的浪费。

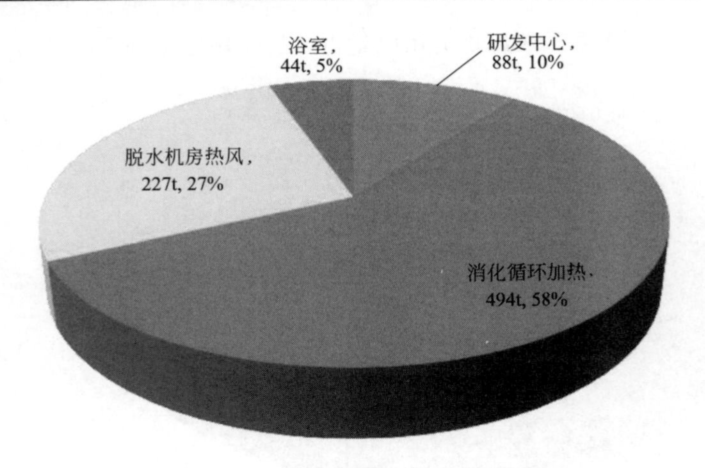

图 7-3　热力平衡测试结果

② 目前厂内采用在使用生物除磷的基础上同步使用化学除磷的方式，在曝气池出水渠道注入 6%的硫酸铝液态药剂，使铝离子与溶解性磷酸盐形成沉淀，从而实现对磷的去除。但化学除磷加药泵不能自控，由人工操作，不能及时根据实际运行情况调整除磷药剂的投加，为保证出水指标达标，造成药剂浪费、化学污泥量增加。

③ 初沉池排泥控制都以运行人员通过观察初沉池出水及池面厌氧状况来调整排水时间和排泥量。这种初沉池运行控制方式对初沉池的泥位和排泥浓度没有进行有效的监控，导致排入污泥浓缩系统的污泥浓度变化幅度非常大，不利于污泥浓缩系统及后续消化、脱水的运行，也浪费污泥泵的电耗。

④ 厂区内厕所用水、冲洗用水等目前使用的仍是新鲜水，造成水资源的浪费。

⑤ 进水泵报废周期为 15 年，目前累计运行已达到 20 年。EAM（企业资产管理系统）统计数据表明，进水泵的效率在逐年降低。同时由于电机运行时间较长，电机效率降低，实际的单耗也在逐年上升。

7.1.4　审核方案的产生与筛选

从原料能源节约和替代、产品的优化、设备维护和更新、过程优化控制、技术工艺改进、员工培训、管理优化和废物减排与循环利用 8 个方面产生备选清洁生产方案，共产生方案 28 项，其中 22 项无低费方案、6 项中高费方案。对这些方案从技术可行性、环境可行性、经济可行性等方面进行筛选，所有方案均可行。部分清洁生产方案见表7-7。

表7-7 清洁生产方案一览表

序号	方案名称	方案简述
1	初沉池管廊照明的日光灯改为节能灯	初沉池管廊照明的40只T8日光灯改为T5灯管，功率由原先的40W/只改成15W/只，节省电能
2	初沉池泥斗加装钢隔板	初沉池泥斗加装钢隔板，可有效防止杂物进入初沉池
3	初沉池刮泥机供电箱改造	初沉池刮泥机供电箱进行改造，改造后电路采用母线排连接方式，这样可以减少刮泥机停机时间，保证了生产的正常运行；同时减少了断路器烧毁的更换，也减少了维修时间、人力成本等
4	刮泥机PLC控制器更新改造	现将PLC改造为AB PLC控制器，采购价格较低，备件易于采购，可以与厂内多台设备PLC控制器实现互换，降低了备件库存成本，保证了刮泥机长期稳定运行
5	刮泥机加装缺项保护	利用两个380V接触器KM1、KM2，将L1、L2串联至KM1线圈，L2、L3串联至KM2线圈，再将KM1、KM2的2个常开点串联至刮泥机的急停。当三项得电，接触器线圈全部吸合，这样如有一项缺项没有电，接触器线圈不吸合，刮泥机都会立即停车
6	离心机上加装喷淋装置	通过在室外井上加装喷淋装置，减少当污泥浓度发生变化滤液增加时室外井内冒沫的现象，避免对环境产生污染
7	使用PLC系统代替Control And Status潜水泵保护系统	针对其核心技术的封闭性和昂贵的价格，研发Control And Status替代品，选择性价比最高的西门子S7-200 PLC配EM231电阻模块作为Control And Status替代品，其价格只为Control And Status价格的1/4。通过链接模拟平台，进行计算机自主编程，实现了Control And Status的所有功能，并在其原有保护基础上进行了自主创新，通过模拟平台对信号进行反复安全实验，将程序不断更新，实现代替品的安全稳定性
8	进水泵的启停按液位进行控制	根据经验，按照泵前池液位及时启停进水泵，以降低单耗
9	化学除磷药泵加装流量计	化学除磷药泵加装流量计，根据水量来控制加药量，从而节约加药量
10	运行分厂吸泥机加装远传信号隔离继电器	运行分厂吸泥机的24V电路上加装隔离继电器，避免在信号线路损坏或集电环损坏的故障状态下，发生将交流电误传至回流泵房PLC控制柜I/O板上，导致烧毁I/O板的现象发生，从而保障生产的正常运行
11	离心机上位机上实现离心机开停机功能	通过编制程序，使离心机上位机实现离心机开停机功能
12	厂区内厕所用水、冲洗用水等使用中水	厂区内厕所用水、冲洗用水等使用中水，节约水资源
13	煤油再利用	将清洗配件后的煤油进行收集沉淀后，上清液倒回收集容器中，供下次再利用
14	加强对打印纸领用的管理，纸张双面充分使用	加强对打印纸领用的管理，部门专人签字领用；并加强网络化办公，减少纸质版材料，要求打印纸双面都得到充分利用

经分析讨论，本轮清洁生产审核的6项中/高费方案均作为可行性分析的备选方案，具体见表7-8。

表7-8 清洁生产中/高费方案

序号	方案名称	方案简介
1	进水泵更新	更新1台进水泵，新的进水泵将使用高效电机，同时配备1套中压变频柜。此次水泵的更新将有效地控制泵坑液位及抽升流量的稳定，降低水泵做功扬程及功率，节约水泵运行电耗；同时确保水泵运行稳定及抽升流量的相对恒定，有利于后续污水处理工艺的安全稳定运行，提高节能减排的可靠性
2	除砂系统优化运行	改造时包括曝气沉砂池更换砂水分离器、曝气沉砂池气水比自动控制，预计通过这样的优化运行，使得曝气沉砂池气量能随来水量随时调节，控制气水比，提高沉砂效率
3	曝气系统精细化运行	新开发一套软件，并安装液位计和在线溶解氧仪。在原有PLC控制系统的基础上，通过新开发的软件、液位计和在线溶解氧仪，控制方式由人工改为自动控制，实时反映水量和溶解氧，通过联动机制，将这些信号反馈给鼓风机，从而影响鼓风机的开启程度，实现鼓风机气量的有效控制，从而实现曝气系统的精细化运行
4	化学除磷精细化运行	对化学除磷加药泵进行自控改造，使之实现投药量的实时调整，降低能耗，保证供水，实现氨氮和总磷24h混合样品达标。同时，自动控制的应用降低人员操作频次，降低人力成本；减少化学污泥量
5	初沉池排泥精确控制	在初沉池安装污泥界面计和部分污泥浓度计，实现对初沉池沉降污泥及排泥浓度的有效监控，给运行调控人员提供有效的实时污泥泥位和排泥浓度监控数据，提高污泥排放效率，实现稳定的高浓度污泥排放，提高后续污泥浓缩、污泥消化、污泥脱水系统的工作效率及稳定性
6	剩余污泥泵精细化控制	为准确计算剩余污泥排泥量，科学运用泥龄控制生物系统运行，拟对剩余污泥泵进行精细化控制

7.1.5 中/高费方案可行性分析

（1）进水泵更新

1）方案介绍　更新1台进水泵，新的进水泵将使用高效电机，同时配备1套中压变频柜。此次水泵的更新将有效地控制泵坑液位及抽升流量的稳定，降低水泵做功扬程及功率，节约水泵运行电耗；同时确保水泵运行稳定及抽升流量的相对恒定，有利于后续污水处理工艺的安全稳定运行，提高节能减排的可靠性。

2）技术可行性分析　新换的进水泵扬程和流量保持不变。

3）环境可行性分析　本次改造更新1台进水泵，并安装变频器。更新后的水泵与目前使用的水泵额定功率一样，由于安装了变频器，水泵电耗将大幅下降。

该项目已实施完成，对该项目的实际运行效果进行分析，结果如下：根据污水处理厂的统计分析，与上年同期（9～11 月）相比进水泵的单位污水处理量电耗降低 0.00126 千瓦·时/立方米，污水处理量为 8730.2 万吨，则节省电耗 11 万千瓦·时，节省电费 9 万元。折算成年度效益，则全年节电 44 万千瓦·时，年节省电费 36 万元。

4）经济可行性分析　该方案总投资为 578.5 万元，对该方案进行经济可行性分析，见表 7-9。

表 7-9　经济效益计算

序号	名称	单 位	金 额
1	总投资(I)	万元	578.5
2	年新增利润(P)	万元	36
3	年折旧费(D)＝ 总投资/设备折旧期	万元	57.85
4	税金 ＝$(P-D)\times 25\%$	万元	<0,取值为 0
5	年净现金流量(F)＝$P+D-(P-D)\times 25\%$	万元	93.85
6	偿还期＝I/F	年	6.16
7	净现值(NPV)＝$\sum_{j=1}^{n}\frac{F}{(1+i)^{j}}-I$	万元	－336.94
8	内部收益率(IRR)＝$i_1+\frac{NPV_1(i_2-i_1)}{NPV_1+\vert NPV_2\vert}$	%	－7.81

该方案净现值 NPV<0，内部收益率 IRR<0，但由于进水泵已累积运行 20 年，超出进水泵报废周期 15 年，近几年的数据表明，运行效率逐年下降。尽管从经济角度不可行，但从节能、保持设备高性能运转、后期维护保养的角度来看，进水泵更新具有积极的效益，因此该项目决定予以实施。

（2）除砂系统优化运行

1）方案介绍　改造内容包括曝气沉砂池更换砂水旋流器、曝气沉砂池气水比自动控制，预计达到以下效果：曝气沉砂池气量随来水量随时调节，控制气水比，提高沉砂效率。

① 曝气沉砂池更换砂水旋流器。除砂池为 3102 吸砂泵，集砂井内为 3152 洗砂泵。现有砂水旋流设备对砂水分离效果差，对于曝气沉砂池中吸上来的含砂废水不能有效分离。因此，为了提高砂水分离效果，曝气沉砂池更换砂水旋流器。具体地，确认现在除砂池、砂井内泵的参数，将砂水分离

器更新改造为海王高级泥砂管理系统，主要设备增加 2 台旋流分离器，提高砂水分离效果。相对传统泥砂分离器，工作效率提高 2 倍，能够分离粒径为 75μm 以上的砂粒。

② 曝气沉砂池气水比自动控制。曝气沉砂池气量调节为普通闸阀，手动控制，无气体流量计等仪表。为了能使曝气沉砂池气量随来水量随时调节，控制气水比，提高沉砂效率，将手动阀门更改为电动菱形阀，安装流量计进行气体流量控制，根据进水流量的每天 24h 变化规律，通过小型 PLC 控制站进行气量的调节，实现曝气沉砂系统恒定的气水比，有效地实现污水中泥砂的沉降分离。

2）技术可行性分析　改造后使用的旋流分离器，相对原有泥砂旋流分离器，工作效率提高 2 倍，能够分离粒径 75μm 以上的砂粒，提高了砂水分离效果。

另外，为能够实现曝气沉砂池气水比自动控制，安装进气流量计，根据进水流量的实时变化，通过小型 PLC 控制站进行气量调节，实现曝气沉砂系统恒定的气水比，有效实现污水中泥砂的沉降分离。

3）环境可行性分析　该项目已实施完成，对该项目的实际运行效果进行分析，结果如下：除砂系统运行后，可实现根据进水流量 24h 变化规律进行供气量的调节，控制气水比，并优化吸砂泵控制，提高吸砂能力。改造后统计除砂量合计约为 $276m^3$，同比上年同期（除砂量 $182m^3$）增加 $94m^3$，除砂量增加后相应减少人工清砂。折算成年度效益，全年可减少初沉池清砂 $282m^3$，并有效减少泵组磨损。全年可减少清砂费用 12 万元。

4）经济可行性分析　该项目总投资为 215.3 万元，对该方案进行经济分析，见表 7-10。

表 7-10　经济效益计算

序号	名　称	单 位	金 额
1	总投资(I)	万元	215.3
2	年新增利润(P)	万元	12
3	年折旧费(D)＝总投资/设备折旧期	万元	21.53
4	税金＝$(P-D)\times25\%$	万元	<0，取值为 0
5	年净现金流量(F)＝$P+D-(P-D)\times25\%$	万元	33.53
6	偿还期＝I/F	年	6.42

续表

序号	名称	单位	金额
7	净现值(NPV) $=\sum_{j=1}^{n}\frac{F}{(1+i)^j}-I$	万元	−134.78
8	内部收益率(IRR) $=i_1+\frac{NPV_1(i_2-i_1)}{NPV_1+\lvert NPV_2\rvert}$	%	−9.42

注：折旧年限 $n=10$ 年；贴现率 $i_0=10\%$，税率为25%。

该方案净现值 NPV<0，内部收益率 IRR<0，但为了提高沉砂效率，减少泵组磨损，减少人工清砂，因此决定实施该方案。

(3) 曝气系统精细化运行

1) 方案介绍及技术可行性分析　针对目前溶解氧不能随水量负荷精确控制的缺点，新开发一套软件，并安装液位计和在线溶解氧仪。在原有PLC控制系统的基础上，通过新开发的软件、液位计和在线溶解氧仪，控制方式由人工改为自动控制，实时反映水量和溶解氧，通过联动机制，将这些信号反馈给鼓风机，从而影响鼓风机的开启程度，实现鼓风机气量的有效控制，从而实现曝气系统的精细化运行。该技术方案的优势是，以进水水量前馈控制为主，在线溶解氧监视反馈为辅，运行可靠性较高，运行调控及时性有保障。

2) 环境可行性分析　该技术方案以进水水量前馈控制为主，在线溶解氧监视反馈为辅，运行可靠性较高，运行调控及时性有保障。此方案通过自主软件和加装在线监控仪表，实施后将减少鼓风机耗电量。

该项目已实施完成，对该项目的实际运行效果进行分析，结果如下：根据污水处理厂的生产统计，通过根据需气量分时段调整鼓风机开度的方式，鼓风机的COD电单耗降低至306.8kW·h/t，同比上年350kW·h/t降低了12.34%。统计表明，COD消减量合计为13.7468万吨，则节约电量为 $(357-306.8)\times1.37468\times10^5$ kW·h $=6.9\times10^6$ kW·h。电单价为0.83元/(kW·h)，共计节约电费为572.7万元。按年度效益折算，全年节约用电 7.527×10^6 kW·h，全年可节约电费625万元。

3) 经济可行性分析　全年节约用电 7.527×10^6 kW·h，则全年可节约电费625万元。但该项目实施后，会有部分新增仪表的维护费用增加，6台×0.3万元/台≈2万元。则合计年节约成本623万元。

该方案总投资为103.7万元，对该方案进行经济分析，见表7-11。

表7-11 经济效益计算

序号	名 称	单 位	金 额
1	总投资(I)	万元	103.7
2	年新增利润(P)	万元	623
3	年折旧费(D)＝总投资/设备折旧期	万元	10.37
4	税金＝$(P-D)\times25\%$	万元	153.16
5	年净现金流量(F)＝$P+D-(P-D)\times25\%$	万元	480.21
6	偿还期＝I/F	年	0.22
7	净现值(NPV) $=\sum_{j=1}^{n}\frac{F}{(1+i)^j}-I$	万元	4076.68
8	内部收益率(IRR)$=i_1+\frac{\mathrm{NPV}_1(i_2-i_1)}{\mathrm{NPV}_1+\lvert\mathrm{NPV}_2\rvert}$	%	600.77

注：折旧年限$n=10$年；贴现率$i_0=10\%$，税率为25%。

该方案净现值＝4076.68万元＞0，内部收益率＝600.77%＞0，偿还期为0.22年，经济效益明显，同时环境效益明显，因此该项目是可行的。

(4) 化学除磷精细化运行

1) 方案介绍　通过摸索各处理构筑物中磷的存在形态与数量，掌握磷指标的实时变化规律。同时，通过对化学除磷沉淀的理论计算，进一步指导药剂投加用量，在保证出水水质达标的前提下，总结出合理的药剂用量值参考范围。在以上工作的基础上对化学除磷加药泵进行自控改造，实现投药量的实时调整，降低能耗，保证供水，实现氨氮和总磷24h混合样品达标。自动控制的应用降低人员操作频次，降低人力成本，减少化学污泥量，实现化学除磷全部精确控制。同时改造PLC站，实现自控系统稳定运行。预计采取这些措施将减少药剂消耗量，减少化学污泥产生量，降低药泵电耗。

2) 技术可行性分析　化学除磷主要过程如下。

① 取巴氏计量槽进水流量信号，结合进水磷浓度，计算进水磷负荷。

② 计算当前水量需要加药量，转化为频率。

③ 计算当前水量到达加药点的延迟时间。

④ 按照延迟时间及频率，控制药泵流量。

⑤ 以药剂流量及出水磷浓度作为监视信号。

⑥ 通过 PLC 自动控制加药量。

3）环境可行性分析　该项目通过 PLC 改造和加药泵自控，实施后将节约药剂使用量。

该项目已实施完成，对该项目的实际运行效果进行分析，结果如下：化学除磷自控系统运行期间，共投加硫酸铝 7273.771t，比生产计划送药量 10622t 低 3348.23t。硫酸铝单价 365 元/t，节约药剂费共计 3348.23t×365 元/t=122.21 万元。按年度效益折算，则全年可节约硫酸铝 13392.92t，全年节约硫酸铝费用 489 万元/t。

4）经济可行性分析　全年可节约硫酸铝 13392.92t，相当于全年节约硫酸铝药剂费用 489 万元。

该项目的总投资为 188.3 万元，对该方案进行经济分析，见表 7-12。

表 7-12　经济效益计算

序号	名　称	单 位	金 额
1	总投资(I)	万元	188.3
2	年新增利润(P)	万元	489
3	年折旧费(D)=总投资/设备折旧期	万元	18.83
4	税金=$(P-D)\times 25\%$	万元	117.54
5	年净现金流量(F)=$P+D-(P-D)\times 25\%$	万元	390.29
6	偿还期=I/F	年	0.48
7	净现值(NPV) $=\sum_{j=1}^{n}\frac{F}{(1+i)^j}-I$	万元	3092.93
8	内部收益率(IRR)$=i_1+\frac{\mathrm{NPV}_1(i_2-\mathrm{i}_1)}{\mathrm{NPV}_1+\|\mathrm{NPV}_2\|}$	%	259.69

注：折旧年限 n=10 年；贴现率 i_0=10%，税率为 25%。

该方案净现值=3092.93 万元>0，内部收益率=259.69%>0，投资偿还期为 0.48 年，该方案经济效益明显，同时环境效益明显，因此该项目是可行的。

(5) *初沉池排泥精确控制*

1）方案介绍与技术可行性分析　本项目在初沉池安装污泥界面计和部分污泥浓度计，实现对初沉池沉降污泥及排泥浓度的有效监控，给运行调控人员提供有效的实时污泥泥位和排泥浓度监控数据，提高污泥排放效率，实现稳定的高浓度污泥排放，提高后续污泥浓缩、污泥消化、污泥脱水系统的工作效率和稳定性。

主要改造内容包括以下 2 点。

① 安装污泥浓度计 12 台，监控初沉池内污泥浓度。

② 改造 PLC 站，编写排泥泵控制程序，将控制信号接入现有一级班控制室。

2）环境可行性分析　该项目已实施完成，对该项目的实际运行效果进行分析，结果如下：根据污水处理厂的统计分析，实施该方案后，污泥浓缩脱水药剂絮凝剂的投配率降低。加药量为 245.2kg/d，与上年同期（加药量为 302.4kg/d）相比，减少絮凝剂消耗 57.2kg/d，则年节约絮凝剂 20.9t，絮凝剂成本为 4.2 万元/t，则年节约絮凝剂费用 87.8 万元。另外，与上年同期相比，系统每日产沼气量提高 11500m^3/d，则年产生的沼气量增加 419.75 万立方米，若这些沼气全部用于发电，则全年发电量增加 839.5 万千瓦·时（1m^3 的沼气可发电 2kW·h），年可节约电费 697 万元。

3）经济可行性分析　该方案总投资为 340.3 万元，由于沼气发电量不稳定，年节约成本以节约絮凝剂费用计，则年节约成本 87.8 万元。对该方案进行经济分析，见表 7-13。

表 7-13　经济效益计算

序号	名　称	单位	金额
1	总投资(I)	万元	340.3
2	年新增利润(P)	万元	87.8
3	年折旧费(D)＝总投资/设备折旧期	万元	34.03
4	税金＝$(P-D)\times 25\%$	万元	13.44
5	年净现金流量(F)＝$P+D-(P-D)\times 25\%$	万元	108.39
6	偿还期＝I/F	年	3.14
7	净现值(NPV) $=\sum_{j=1}^{n}\frac{F}{(1+i)^j}-I$	万元	248.85
8	内部收益率(IRR)$=i_1+\frac{NPV_1(i_2-i_1)}{NPV_1+\lvert NPV_2\rvert}$	%	22.38

该方案净现值＝248.85 万元＞0，内部收益率＝22.38%＞0，该方案

经济可行，投资偿还期为3.14年，同时环境效益明显，因此该项目是可行的。

（6）剩余污泥泵精细化控制

1）方案介绍　为准确计算剩余污泥排泥量，科学运用泥龄控制生物系统运行，拟对剩余污泥泵进行精细化控制。预期将泥龄日变化控制在设定值的±15%以内，同时进行精细化控制后，可节约人工成本；优化排泥后，还可节约电力。

2）技术可行性分析　该改造项目制订了详细的实施方案。

① 建立计算回流污泥浓度的控制模型：$RS=[(Q_r+172800)\times MLSS-Q_r\times S_{se}]/(Q_w+172800)$。

② 利用控制模型计算出的回流污泥浓度科学计算排泥量和泥龄值。

③ 硬件安装。其中一、二系列只改造电控箱，不改泵，不加变频器；三系列按照四系列模式，增加变频器。

④ 软件安装及平台测试。其中一、二系列只增加计算逻辑及排泥控制，只有一种运行模式，即当泥量最小时进行排泥三系列按照四系列模式，在独立PLC上编程计算，在独立上位机上进行操作，与四系列模式相同，即设有三种运行模式。

⑤ 通过软件计算值，进行手动、半自动、自动控制。

⑥ 维持运行，检验此实验的考核指标完成情况。

3）环境可行性分析　该项目已实施完成，对该项目的实际运行效果进行分析，结果如下。泥龄日变化控制在设定值的±15%以内；剩余污泥泵电耗降低3%，全年节省用电23.1万千瓦·时（剩余污泥泵的年用电量约为770万千瓦·时），折合减排CO_2 231t/a。

4）经济可行性分析　该项目实施后，全年节省电耗23.1万千瓦·时，则全年节约电费18.5万元。

该项目总投资为62.9万元，对该方案进行经济可行性分析，见表7-14。

表7-14　经济效益计算

序号	名　称	单位	金额
1	总投资(I)	万元	62.9
2	年新增利润(P)	万元	18.5
3	年折旧费(D)=总投资/设备折旧期	万元	6.29

续表

序号	名称	单位	金额
4	税金=$(P-D)\times 25\%$	万元	3.05
5	年净现金流量$(F)=P+D-(P-D)\times 25\%$	万元	21.74
6	偿还期$=I/F$	年	2.89
7	净现值(NPV) $=\sum_{j=1}^{n}\frac{F}{(1+i)^j}-I$	万元	61.24
8	内部收益率(IRR)$=i_1+\frac{NPV_1(i_2-i_1)}{NPV_1+\lvert NPV_2\rvert}$	%	26.64

该方案净现值 NPV=61.24 万元>0，内部收益率 IRR=26.64%>0，该方案经济可行，投资偿还期为 2.89 年，同时环境效益明显，因此该项目是可行的。

7.1.6 实施效果分析

按照边审核边实施的原则，污水处理厂共实施 22 项无/低费方案及 6 项中/高费方案，投资 1499.38 万元，方案实施后节电 820.2 万千瓦·时/年，节约药剂用量 14013.82t/a。本轮清洁生产审核目标完成情况见表 7-15。

表 7-15　本轮清洁生产审核目标完成情况一览表

序号	清洁生产目标指标	现状	近期目标		完成情况	
			绝对量	相对量	绝对量	相对量
1	单位污水处理量耗电量/(kW·h/t)	0.231	0.226	−2%	0.209	−10%
2	单位污水处理量化学除磷药剂用量(以 Al_2O_3 计)/(g/t)	1.27	1.21	−5%	2.59	104%
3	单位污水处理量新鲜水耗用量/(kg/t)	0.32	0.306	−5%	0.29	−9%

通过实施清洁生产方案，污水处理厂单位污水处理量耗电量和单位污水处理量新鲜水耗用量均有所下降，达到了清洁生产近期目标。随着出水水质要求的提高（根据 DB11/ 890—2012，自 2015 年 12 月 31 日起，出水磷浓度由原先的 1mg/L 降低至 0.3mg/L），投加的化学除磷药剂量硫酸铝增多，因此单位污水处理量化学除磷药剂用量增大。

7.1.7　持续清洁生产

企业通过开展清洁生产审核，制订了持续清洁生产计划，主要包括健全完善企业清洁生产组织机构、健全完善企业清洁生产管理制度、制订持续清洁生产计划、制订后续清洁生产方案、政策法规跟踪、持续开展清洁生产宣传培训等。

7.2　垃圾处理厂清洁生产典型案例

7.2.1　基本情况

某垃圾焚烧有限公司为一座现代化大型垃圾焚烧发电厂，配置 2 台额定处理量为 800t/d 的焚烧余热锅炉，额定蒸发量为 73.8t/h，2 台额定功率为 15MW 的汽轮发电机组，年入炉焚烧处理垃圾 53.3 万吨，发电 2.2 亿千瓦・时，实现产值 21278 万元。公司在编职工总数 125 人，其中管理岗位人员 19 人。公司能源和环保工作主要由生产副总经理负责。

7.2.2　预审核

（1）主体设施与设备情况

公司对生活垃圾进行焚烧处理，运输车经称重后将垃圾卸入垃圾储存池，垃圾在储存池中发酵腐烂脱水后投入焚烧炉焚烧。为防止储存池臭气对外扩散，公司将垃圾储存池封闭，并由风机从垃圾池取风作为垃圾焚烧燃烧空气，风量达每小时 15 万～20 万立方米。垃圾储存产生的渗滤液收集至渗滤液池，70%送污水处理厂处理，30%由渗滤液回喷系统回喷至炉内焚烧处理。

垃圾焚烧过程产生的蒸汽通过汽轮机发电机组转换产生电能，所产生的电能中 15%用于厂内焚烧过程，其余电能输入电网。对生活垃圾焚烧厂焚烧系统、锅炉系统、发电系统、烟气处理系统、渗滤液处理系统、冷却水系统、自动控制系统等进行了分析，基础设施包括垃圾池吊车 2 台、焚烧炉排 2 套、点火燃烧器 8 台、辅助燃烧器 4 套、一次风机（变频调节）2 台、二次风机（变频调节）2 台、炉排冷却风机 2 套、引风机 2 台、活性炭喷射风机 3 台、余热锅炉 2 套、烟气脱酸反应器 4 套、布袋除尘器 4 套、滤滤液收集泵 3 台、滤沥液喷射泵 2 台、汽轮机 2 台、发电机 2 台。

（2）能源消耗情况

公司所涉及能源消耗包括电力、柴油、液化石油气 3 种类型，其中电力用于设备的运行，柴油用于燃烧系统助燃，液化石油气用于食堂。公司用水分为 2 种，一种取自公司自备地下水井，另一种用水是市政中水。公司近 3 年资源、能源消耗情况见表 7-16。

表 7-16　公司近 3 年资源、能源消耗情况

序号	名称	年份 1	年份 2	年份 3	来源
1	电力/10^4kW·h	3009.2	3057.3	3376.11	自发
2	柴油/t	126.62	80.36	106.36	外购
3	液化石油气/t	3.65	3.56	3.61	外购
4	自备井用水/t	118930	116609	88756	自备水井
5	中水/t	927577	954858	1101168	外购
6	综合能耗(按标准煤计)/t	3889.06	3880.62	4310.41	—
7	垃圾处理量/10^4t	77.13	75.43	74.25	—
8	单位垃圾处理量电消耗/(kW·h/t)	39.01	40.53	45.47	—
9	单位垃圾处理量新鲜水消耗/(m^3/ t)	0.15	0.15	0.12	—
10	单位垃圾处理量中水消耗/(m^3/ t)	1.20	1.27	1.48	—
11	单位垃圾处理量综合消耗(按标准煤计)/(kg/ t)	5.04	5.14	5.81	—

（3）主要污染物排放及控制情况

1）水污染物排放及控制情况　公司的废水主要为渗滤液、冷却系统排水、设备及卸料平台清洗水和生活污水。渗滤液中的主要污染物为 COD_{Cr}、BOD_5、SS、NH_3-N 及少量重金属，部分焚烧，剩余的外运处理。冷却系统排水水质较好，公司现阶段通过污水管线排至附近河道。出渣系统的冷却系统产生的废水经过公司内部的物化污水处理系统处理后，回到捞渣机循环利用，部分排放至渗滤液储存池。设备、卸料平台清洗用水和生活污水通过公司内部的生化污水处理系统处理后，部分回用至捞渣系统，剩余排放至渗滤液储存系统。

2）大气污染物排放及控制情况　生活垃圾焚烧过程产生的大气污染物包括颗粒物、酸性气体、重金属和有机污染物。公司焚烧烟气净化装置由酸性气体去除设备和粒状污染物去除设备 2 部分组成，即由半干式洗涤塔＋袋式除尘器组成。包括以下步骤：半干式洗涤塔喷入石灰浆脱除烟气中的酸性气体（如HCl、SO_2、HF）以及Hg等挥发性强的重金属和二噁英类物质；喷射活性炭进一步吸附烟气中的重金属和二噁英类物质；烟气进入袋式除尘器，除掉粉尘和反应剩余物。大气污染物排放执行《生活垃圾焚烧污染控制标准》（GB 18485—2014），大气污染物达标排放。

3）固体废物排放及控制情况　公司焚烧过程产生的固体废物主要包括炉渣和飞灰，炉渣运至垃圾卫生填埋场处理。2016年《国家危险废物名录》修订时增加了《危险废物豁免管理清单》，而飞灰就被列入其中。在所列的豁免环节满足相应的豁免条件时，可以按照豁免内容的规定实行豁免管理；不满足条件时委托有危险废物处置资质的公司处理。

(4) 清洁生产水平现状评价

该厂处理每吨垃圾新鲜水耗为0.14m^3，低于《清洁生产评价指标体系 环境及公共设施管理业》中规定的单位处理量新鲜水消耗量指标Ⅰ级基准值；单位处理量综合能耗（按标准煤计）为5.33kg/t，高于Ⅰ级基准值；综合对比《清洁生产评价指标体系 环境及公共设施管理业》计算该厂清洁生产水平，得分为86.5分，达到二级清洁生产先进水平企业。

(5) 确定生活垃圾焚烧厂审核重点

在污染物产生环节，气态类型和固态类型的污染物均由生产的工艺及装备所决定。公司使用的焚烧炉及烟气处理设施在国内同样类型的企业中均属较为先进的工艺设备，对设备和工艺进行大规模改进和更新的可实施性不强，所以本轮审核选取生活垃圾液体污染物的处置、中水回用和能源消耗等环节作为审核的重点。

(6) 设置清洁生产目标

结合公司的生产实际，确定清洁生产目标，见表7-17。

表7-17　清洁生产目标

序号	项目	现状	近期目标		远期目标	
			削减量	相对值	削减量	相对值
1	渗滤液及废水外排量/(10^4t/a)	11	11	−100%	—	—
2	单位垃圾处理综合能耗(按标准煤计)/(kg/t)	5.33	0.11	−2%	0.27	−5%

7.2.3 审核

（1）水平衡测试

审核期间，该厂用水量为76400t/月，其中循环冷却水占总用水量的85%，其他用水量很低，该厂水平衡测试结果见图7-4。

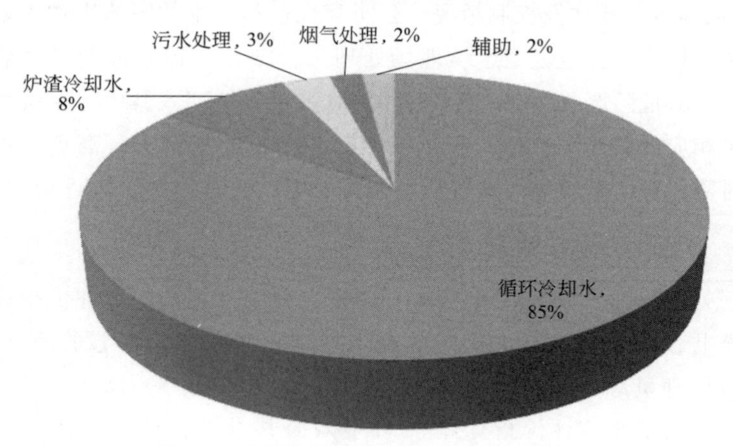

图7-4 生活垃圾焚烧厂水平衡测试结果

（2）电平衡测试

审核期间，该厂用电量296万千瓦·时/月，其中焚烧炉用电占34%，污水处理用电占23%，发电机组用电占16%，锅炉用电占10%，烟气处理用电占9%，前处理用电占6%，辅助用电占2%。该厂电平衡测试结果见图7-5。

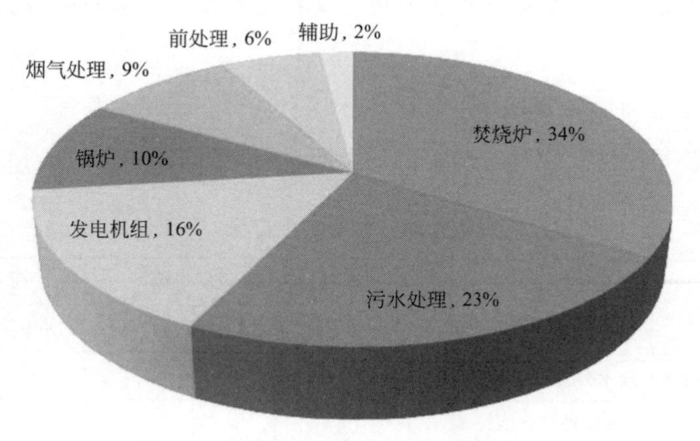

图7-5 生活垃圾焚烧厂电平衡测试结果

7.2.4　审核方案的产生与筛选

从原料能源节约和替代、产品的优化、设备维护和更新、过程优化控制、技术工艺改进、员工培训、管理优化和废物减排与循环利用 8 个方面产生备选清洁生产方案，共产生方案 18 项，其中 14 项无低费方案、4 项中高费方案。对这些方案从技术可行性、环境可行性、经济可行性等方面进行筛选，所有方案均可行。部分无/低费清洁生产方案见表 7-18。

表 7-18　部分无/低费清洁生产方案

序号	清洁生产方案	针对问题提出的解决方案
1	控制原材料的质量	严格控制尿素、消石灰、活性炭等入库质量，不合格品决不进入生产环节
2	加强垃圾管理	分堆管理：将垃圾按进料的时间分堆堆放。堆放一定的时间后，一方面垃圾产生渗滤液，水分减少，有利于垃圾热值的提升；另一方面垃圾发酵会产生一定量的可燃气体，有利于垃圾燃烧
3	严格控制进料	加强原辅材料的管理，对物料的买进遵循既不囤积过久，又不使生产断料的原则，使生产操作平稳、安全，在最佳工况下运行
4	优化锅炉的燃烧系统	保证锅炉系统的负压燃烧，减小漏风系数
5	设备定期维护保养	每天巡回检查车间空耗、蒸汽泄漏，每周由专人系统性地检查一次蒸汽、空气、水、电等管网情况，通过定期保养减少停产大修、翻修，降低维修费用
6	用电设备变频改造	各种风机、水泵电机数量较多，占总耗电量 80%左右。对部分负荷变化较大的用电设备加装了变频控制，一方面可以提高用电的效率；另一方面延长设备的使用寿命
7	增设生产检测计量仪器设备	增设生产检测计量仪器设备，尽量做到资源二级计量体系完备，达到企业对各车间能进行资源成本考核的目的
8	规范生产工艺的操作规程及生产运作	修订和完善操作规程，严格工艺规程，以切合生产操作实际，校正生产参数，提高设备运转效率，达到节能降耗的目的

经分析讨论，本轮清洁生产审核 4 项中/高费方案均作为可行性分析的备选方案，本轮清洁生产审核中/高费清洁生产方案见表 7-19。

表 7-19　中/高费清洁生产方案

序号	清洁生产方案	针对问题提出的解决方案	投资/万元
1	高耗能机电设备改造	制订淘汰计划，严格按照国家要求进行淘汰设备更换	50
2	通风塔改造	水动风机冷却塔是利用循环水系统的回水动能推动水轮机转动，驱动风机，达到省去风机电机的节能目的	120

续表

序号	清洁生产方案	针对问题提出的解决方案	投资/万元
3	沼气热风炉替代流化风电加热器技改	渗滤液处理线产生的沼气经过处理送入热风炉燃烧形成高温空气，经过换热器换热，将需加热的空气温度升至流化风需要的温度	76
4	垃圾渗滤液处理工程	渗滤液采用部分回喷焚烧炉焚烧处理，拟建新型膜过滤处理系统对渗滤液及废水进行回收处理	5500

7.2.5 中/高费方案可行性分析

7.2.5.1 垃圾渗滤液处理工程

（1）方案概述

构建新型膜过滤处理系统对渗滤液及废水进行回收处理，渗滤液不再外送处理。项目总投资 5931.2 万元。

（2）技术可行性

垃圾渗滤液处理技术包括生化处理和膜处理，在本行业应用广泛，技术可行。

（3）环境可行性

垃圾渗滤液处理工程是一项节能减排工程，减少公司污染物排放量，污水做到零排放，处理后再生水回用，不但减少用水量，而且对改善地表水环境质量有重大意义。预计本方案实施后，每年减少 COD 排放量 3060～15300t，减少 BOD 排放量 1740～8700 t，减少 SS 排放量 348～1740t，减少氨氮排放量 64～322t。

（4）经济可行性

目前每年污水处理费用达 1100 万元，建立污水处理系统后节约直接处理费用约 1100 万元，回收中水量约为 8 万吨。项目建成后需要费用初步统计为 220 万元/年，因此节约污水处理费 880 万元/年，投资偿还期为 6.74 年，NPV＝－489.1 万元＜0，IRR＝7.4％，该方案净现值率为负值，在经济上不具投资价值，但是考虑到方案实施后产生的良好环境效益，该方案可行。

7.2.5.2　沼气热风炉替代流化风电加热器

(1) 方案概述

采用渗滤液处理线产生的沼气替代电力加热空气。

(2) 技术可行性

经测算，污水站建成后产生沼气 8700m^3/d，可以回收利用。每台焚烧炉电加热器功率 110kW，将流化风从常温加热至 80～100℃。选择 2 台间接换热式热风炉，采用沼气加热替代电加热，2 台沼气热风炉给流化风加热，技术可行。

(3) 环境可行性

沼气作为一种清洁能源早已被以各种方式进行利用，沼气利用可以节省电耗，减少碳排放。用沼气热风炉替代流化风电加热器后，节电 184.8 万千瓦·时/年，因此利用沼气替代电加热可以实现节能减排，环境可行。

(4) 经济可行性

该方案投资 76 万元，产生经济效益 184.8 万元/年，投资偿还期 0.54 年，NPV＝787.3 万元＞0，IRR＝183.9%，该方案经济可行。

7.2.5.3　通风塔改造

(1) 方案概述

利用循环水系统的回水动能推动水轮机转动，驱动风机，替代传统电机，节能环保。

(2) 技术可行性

水动能回收冷却塔是一种新型的高效节能冷却塔，其核心技术是以反击式冷却塔专用水轮机取代电机（包括传动轴、减速机）作为风机动力源，使风机驱动方式由电力改为水力。水轮机的输出轴直接与风机相连并带动其转动，达到节能的目的。

(3) 环境可行性

水动能冷却塔充分利用循环水泵所具有的余压，节约电能，拆除了风机电机，实现了节能。节约费用 157.68 万元/年，节约标准煤 93.78t，减少二氧化碳排放 233.8t。

(4) 经济可行性

该方案投资 120 万元，产生效益 193.78 万元/年，投资偿还期 0.81 年，NPV=791.42 万元>0，IRR=123.5%，该方案经济可行。

7.2.6 实施效果分析

清洁生产方案共 18 项。无/低费方案投资 41 万元，年节约费用 25 万元。中/高费方案 4 项，已投资 5041 万元，年节约费用 780 万元，预计全部实施共投资 5787 万元。

本轮清洁生产审核目标完成情况见表 7-20。

表 7-20 本轮清洁生产审核目标完成情况一览表

序号	项目	现状	近期目标		完成情况	
			削减量	相对值	削减量	相对值
1	渗滤液及废水外排量/(10^4t/a)	11	11	-100%	11	-100%
2	单位垃圾处理综合能耗(按标准煤计)/(kg/t)	5.33	0.11	-2%	0.12	-2.1%

通过实施清洁生产方案，单位垃圾处理耗水量、再生水利用量、单位垃圾处理综合能耗，达到了清洁生产审核近期目标，清洁生产水平有所提升。

7.2.7 持续清洁生产

持续清洁生产的工作重点是建立健全、推行和管理清洁生产工作的组织机构，建立健全、促进实施清洁生产的管理制度，制订持续清洁生产计划以及编写清洁生产审核报告。该垃圾厂通过开展清洁生产审核，深刻地认识到污染预防和全过程控制的重要性。特别是清洁生产无/低费方案的实施，使公司获得了较为明显的经济效益和环境效益。为此，公司希望将清洁生产审核纳入日常管理工作中，使清洁生产工作系统化、制度化、持续化。

7.3 公园景区清洁生产典型案例

7.3.1 综合性案例

7.3.1.1 基本情况

某公园占地面积41.99hm^2（1hm^2=10000m^2，下同），其中水面积16.09hm^2，绿地面积14.07hm^2，总建筑面积34768m^2。该公园近3年运行情况见表7-21。

表7-21 该公园近3年运行情况

年度	年份1	年份2	年份3
年均接待游人/人	1760137	1718360	5126100

7.3.1.2 预审核

(1) 主体设施与设备情况

预审核阶段，对公园景区供配电系统、空调系统、照明系统、供暖系统、用水系统、消防系统等进行了分析，基础设施基本情况见表7-22。

表7-22 基础设施基本情况

序号	基础设施	基本情况
1	供配电系统	配备6台变压器，6个配电室，18个高压配电柜，19个低压配电柜
2	空调系统	公园所使用的其他制冷系统全部为小型分体式空调设备，其各办公房间基本全部配置。空调43台，使用时间为夏季7～8月
3	照明系统	公园照明系统分为两类，一类用于日常办公照明；另一类用于室外照明，分为道路照明和景观照明
4	供暖系统	公园供暖是自备电锅炉供暖
5	用水系统	公园用水为自来水
6	消防系统	消防水泵1台，灭火器282个

(2) 原辅材料消耗情况

公园日常办公、服务所涉及的原辅材料为一般的办公用品。由于人员较少，日常服务运行涉及的原辅材料用量并不是很大。另外，由于绿化面积较大，因此在原辅材料消耗中绿化所用的肥料及杀虫剂使用量较大（表 7-23）。

表 7-23　近 3 年主要原辅材料消耗情况

序号	名称	年份 1	年份 2	年份 3
1	纸张/kg	218	218	218
2	硒鼓/个	12	11	13
3	绿化用肥料/kg	7650	3200	7225
4	绿化杀虫剂/箱	133	94	82

（3）能源消耗情况

近 3 年能源消耗情况见表 7-24。

表 7-24　近 3 年能源消耗情况

项　目	年份 1	年份 2	年份 3
公园建筑面积/m^2	34768	34768	34768
年天然气耗/t	125.3	138.23	108.13
年电耗/(kW·h)	1112812	1336390	1180818
年汽油消耗/L	101084.34	101693.09	101352.74
公园年综合能耗(按标准煤计)/kg	454561.23	504509.82	434211.3629
公园单位面积综合能耗(按标准煤计)/(kg/m^2)	13.07	14.51	12.49

（4）水耗情况

公园办公、生活、绿化用水均为自来水，绿化采用滴灌的方式。近 3 年水耗情况见表 7-25。

表 7-25　近 3 年水耗情况

项　目	年份 1	年份 2	年份 3
年总用水量/t	106570	124904	69509
年绿化用水量/t	37565	37126	27803
绿地面积/10^4m^2	14.07	14.07	14.07
单位绿地面积用水量/[m^3/(m^2·a)]	0.267	0.264	0.198

（5）主要污染物排放及控制情况

1）水污染物排放及控制情况　公园年用水量 69509t，废水排放量 3.25×10^4t，COD 排放量 11.37t，氨氮年排放量 1.30t。

灌溉绿地用水被植被吸收和蒸发；生活用水中，餐饮排水经隔油池处理后排入市政污水管网，冲厕用水经化粪池处理后排入市政污水管网，盥洗用水直接排入市政污水管网。

2）大气污染物排放及控制情况 现有一个面积140m^2，可容纳30人用餐的食堂，食堂在正常工作期间一日提供两餐，公园食堂的烹饪间共有3个灶台，有烟气收集和净化系统。

3）固体废物排放及控制情况 固体废物主要为生活垃圾、办公垃圾、餐厨垃圾和绿化垃圾。生活垃圾、办公垃圾每年产生3000桶，由区环卫局统一收集处理；餐厨垃圾量小，与生活垃圾一并处理；绿化垃圾年产生量145t，送往垃圾处理厂进行无害化处理。

4）肥料及杀毒剂使用情况 公园每年定期对园内的植被进行施肥和杀虫，肥料使用有机肥料（草坪肥、月季肥、果树复合肥），杀虫剂主要有石硫合剂灭扫利、草坪威力克、吡虫啉、多菌灵、聚酯、阿维菌素、灭幼脲、百菌清，均为低毒农药，环境危害小。

(6) 清洁生产水平现状评价

综合对比《清洁生产评价指标体系 环境及公共设施管理业》计算该公园清洁生产水平，得分为78.2分，未达到清洁生产企业水平。

(7) 确定审核重点

与《清洁生产评价指标体系 环境及公共设施管理业》对比可知，该公园再生水利用率为影响公园清洁生产水平的最主要因素，同时单位建筑面积能耗仍有一定的下降空间。因此，本轮清洁生产审核重点定为公园用水系统，同时关注用电系统。

(8) 设置清洁生产目标

本轮清洁生产审核目标见表7-26。

表7-26 本轮清洁生产审核目标设置一览表

项目	现状值	近期目标		远期目标	
		绝对量	相对量	绝对量	相对量
再生水利用率/%	0	20	+20%	45	+45%
单位建筑面积综合能耗(按标准煤计)/(kg/m^2)	12.49	12.24	−2.0%	12.24	−2.0%
生活垃圾分类筛选	无二次分拣	—		采取二次分拣	
照明系统	荧光灯	更换为节能灯		—	
植物病虫害防治	化学防治	—		综合防治	

7.3.1.3 审核

（1）水平衡测试

审核期间，公园每年总输入水量69509t，其中办公和生活用水38230t，占总水量的55%；绿化用水27803t，占总水量的40%；景观补水3475t，占总水量的5%。公园水平衡测试结果见图7-6。

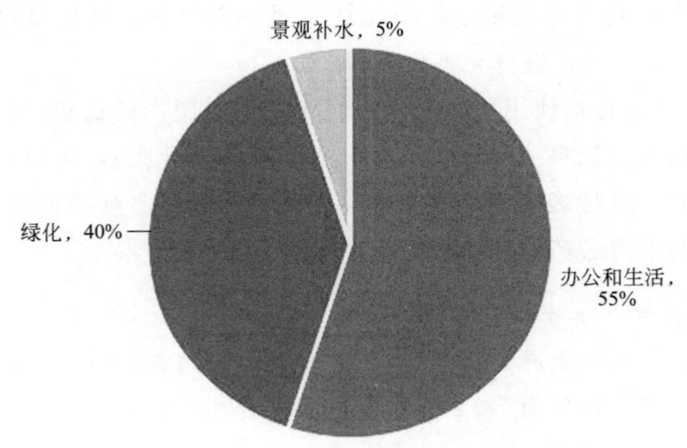

图7-6 公园水平衡测试结果

（2）电平衡测试

审核期间，公园用电量1180818kW·h/a，其中空调用电量占77.78%，道路照明用电占8.13%，餐厅用电占7.65%，室内照明用电占5.58%，景观照明用电占0.86%。该公园电平衡测试结果见图7-7。

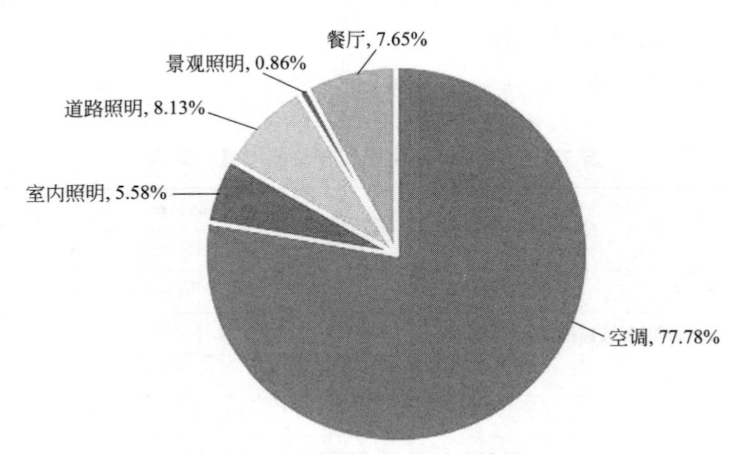

图7-7 公园电平衡测试结果

7.3.1.4 审核方案的产生与筛选

从原料能源节约和替代、产品的优化、设备维护和更新、过程优化控制、技术工艺改进、员工培训、管理优化和废物减排与循环利用8个方面产生备选清洁生产方案，部分清洁生产方案见表7-27。

表7-27 清洁生产方案一览表

序号	方案名称	方案简介
1	使用再生水	建设污水处理设施，配置相应的泵和管道，使用再生水进行绿化和景观补水
2	使用LED灯	对办公区域、道路照明的灯具进行改造，使用LED灯具
3	垃圾分类	在公园宣传栏中粘贴垃圾分类收集宣传画和文字。采取以空瓶换礼品活动带动人们丢弃不可回收的垃圾，收集可回收的塑料瓶
4	节能宣传	在公园宣传栏中，粘贴节能宣传画和文字，用广播播放节约能源的途径，加强游客节能减排宣传
5	噪声防治宣传	在公园宣传栏中粘贴噪声防治宣传画和文字
6	绿化废物堆肥	将绿化废物收集之后，进行堆肥
7	垃圾二次分类	培训专职人员，掌握垃圾二次分拣，对垃圾二次分类后交环卫部门清运
8	采用环保方法预防植物病虫害	在预防植物病虫害方面利用挂人工鸟巢的方式招引大山雀、啄木鸟和灰喜鹊等益鸟
9	办公节约用电	对于办公室等工作区域做到人走灯灭；下班后关闭电脑；空调在不使用情况下应拔掉电源插头，减少待机能耗
10	能源计量管理	加强用能数据统计、考核，专人专管

本轮清洁生产审核中/高费方案见表7-28。

表7-28 本轮清洁生产中/高费方案

序号	方案名称	方案简介
1	使用再生水	建设污水处理设施，配置相应的泵和管道，使用再生水进行绿化和景观补水
2	使用LED灯	对办公区域、道路照明的灯具进行改造，使用LED灯具
3	采用环保方法预防植物病虫害	在预防植物病虫害方面利用挂人工鸟巢的方式招引大山雀、啄木鸟和灰喜鹊等益鸟

7.3.1.5 中/高费方案可行性分析

(1) 使用再生水

1) 方案概述　建设污水处理设施，配置相应的泵和管道，使用再生水对植物进行灌溉或作为水系补水，进而起到节约用水的作用。

2）技术可行性　再生水是污水经处理后达到一定的水质指标并且可以进行再次使用的水。采用生物接触氧化、膜生物反应器等技术完全可以将生活污水处理之后达到再生水要求，这方面的技术在国内已经非常成熟。

3）环境可行性　用再生水对公园内草地、白蜡、国槐等植物进行灌溉，无不良影响，用再生水对水系进行补水，也可减少新鲜水用量。

园区使用再生水进行绿化和补水，具有很好的环境效益，每年减少废水排放量 31278t，每年 COD 减排量 10.95t，氨氮减排量 1.25t。

4）经济可行性　投资 80 万元，年运行费用 6 万元，年节水 31278t，年节约费用 12 万元。

（2）LED 灯具改造方案

1）方案概述　将办公区域、道路照明原有荧光灯更换为 LED 灯，达到节电目的。

2）技术可行性　LED 光源技术作为新一代节能光源，灯泡具有效率高、寿命长的特点，可连续使用 10 万小时，比普通白炽灯泡寿命长 100 倍。LED 光源是《北京市 2017 年节能低碳技术产品推荐目录》中节电和绿色照明推荐的成熟的节能技术。

3）环境可行性　将园区办公区域、道路照明所有灯具更换为 LED 灯，每年节电 4929kW·h。

4）经济可行性　方案总投资 1.4 万元，年节电 4929kW·h，节约费用 0.78 万元/年。

（3）公园采用环保方法预防植物病虫害

1）方案概述　利用挂人工鸟巢的方式招引大山雀和灰喜鹊等益鸟，起到预防虫害的作用。

2）技术可行性　大山雀和灰喜鹊在北京属常见益鸟，虫类是其食物来源之一，通过鸟类捕捉害虫，可达到预防虫害的效果。

3）环境可行性　鸟类栖息在公园内的树上，以虫类为食，其粪便可作为肥料直接使用，对环境无有害排放。

4）经济可行性　该方案总投资 1 万元，每年可节省农药使用费用 1 万元。

7.3.1.6　实施效果分析

共实施10项清洁生产方案，其中7项无/低费方案、3项中/高费方案，实施后对公园的清洁生产制度的完善起到了重要作用。

方案实施后，能够实现年节水31278t，年节电4929kW·h，每年直接经济效益达到13.78万元。本轮清洁生产审核目标完成情况见表7-29。

表7-29　本轮清洁生产审核目标完成情况一览表

项　　目	现状值	近期目标		远期目标	
		绝对量	相对量	绝对量	相对量
再生水利用率/%	0	22	+22%	45	+45%
单位建筑面积综合能耗(按标准煤计)/(kg/m^2)	12.49	12.05	-3.5%	12.05	-3.5%
生活垃圾分类筛选	无二次分拣	—		采取二次分拣	
照明系统	荧光灯	更换为节能灯		—	
植物病虫害防治	化学防治	—		采取综合防治	

通过实施清洁生产方案，参照《清洁生产评价指标体系 环境及公共设施管理业》进行打分，得分83.5分，清洁生产水平提高到二级水平（先进水平）。

7.3.1.7　持续清洁生产

公园通过开展清洁生产审核，制订了持续清洁生产计划，主要包括健全清洁生产管理机构、完善清洁生产管理制度、持续开展清洁生产宣传培训、鼓励员工和游客清洁生产积极性。

7.3.2　专项案例

7.3.2.1　资源类专项案例

某公园用水主要分为两类，一类是自来水；另一类引自市政中水。自来水主要用于公园办公人员的办公和生活，另外还有一部分用于园区的绿化用水；中水主要用于园区内的植被绿化。

（1）预审核

1）水系统设备　公园的绿化采用喷灌的方式，贯彻节水理念。但因管路不能完全覆盖整个园区绿化面积，因此部分采用人工浇灌的方式。公园内建有1个员工浴室，配有2个喷头，均为节能型喷头，每天开启2～3h，洗浴热水取自电热水器。公园现有一个面积为140m²，可容纳30人用餐的食堂。食堂在正常工作期间为员工提供一日两餐，由于人数不多，耗水量不大。公园管理楼内有2个卫生间。此外，园区内部有2个公共卫生间，用水器具全部使用节水型器具。

公园共有4台水泵。公园的卫生器具采用脚踏式。喷灌龙头共150个，安装在园区绿化区域。

2）水资源消耗情况　公园供水及排水情况见图7-8。

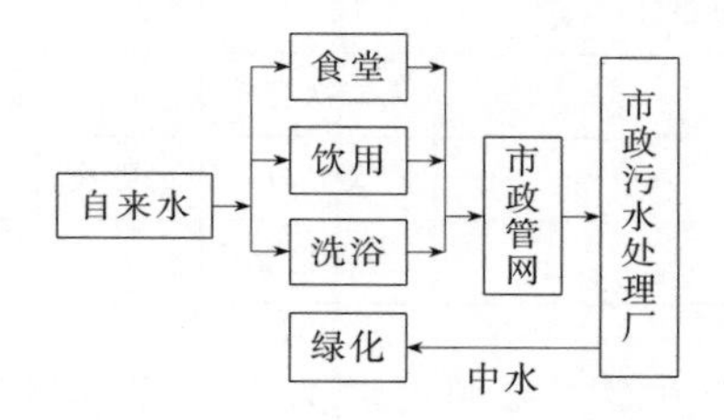

图7-8　公园供水及排水情况

公园产生的污水主要来自食堂、饮用、洗浴和卫生间，全部排入市政管网后，进入市政污水处理厂处理。

公园共配有2块水表，计量表没有完全覆盖二级系统，有待完善。公园总体水资源消耗情况见表7-30。

表7-30　公园总体水资源消耗情况

项　　目	年份1	年份2	年份3
公园绿地面积/m^2	140700	140700	140700
公园年水耗(自来水)/m^3	47373	41290	30716
公园绿地年水耗(中水)/m^3	54595	51918	51215
单位绿地面积用水量/(m^3/m^2)	0.388	0.369	0.364

公园单位绿地面积用水量为0.364m^3/m^2，高于三级基准值，因此必须挖掘节水潜力，减少公园用水量。

（2）审核

公园用水情况比较简单，水平衡测试见图7-9。

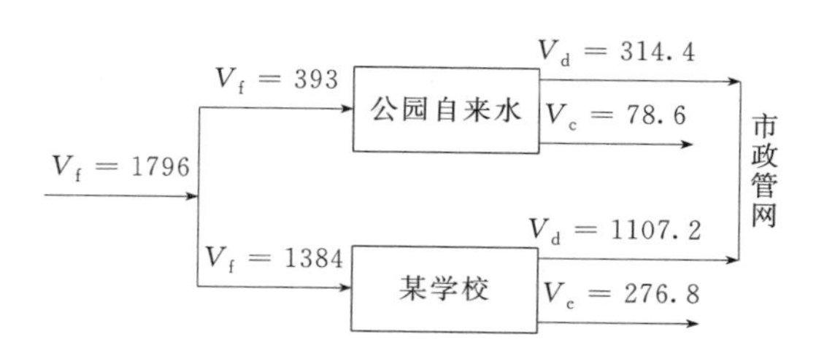

图7-9　水平衡测试（单位：m^3/月）

从水平衡测试结果可知：某学校为公园外租建筑取水量较多，占公园总取水量的78%；公园自来水取水量占总取水量的22%。可见，公园外租出去的建筑取水量较大，通过宣传与培训的方式，提高在园内工作和生活的人员的节水意识。园内无雨水收集系统，可考虑进行雨水收集利用。

（3）实施方案的产生和筛选

通过预审核和审核阶段对公园现状的分析研究，经过初步筛选后，得到清洁生产方案4项，其中无/低费方案2项、中/高费方案2项（表7-31）。

表7-31　方案汇总及划分表

方案名称	方案内容	方案类型
建立雨水收集系统	建立雨水收集及利用设施，产生明显的集雨效果	中/高费
更换漏水水龙头	完善巡检制度，对漏水的水龙头进行更换	无/低费
中水回用	建立中水回用设施，生活污水经处理后循环利用	中/高费
开展节能环保专题教育活动、加强清洁生产方面日常宣传教育	通过组织员工进行清洁生产审核工作的学习以及在公园显著位置粘贴节能环保宣传材料，倡导清洁生产，增强员工和游客的节能减排意识。定期开展清洁生产相关宣传教育，提高全体员工清洁生产意识，同时通过公园这个平台，让广大游客增强环境保护与节能减排的意识	无/低费

（4）实施方案的确定

通过分析筛选，结合本轮清洁生产审核，共提出4项清洁生产方案，其中2项可行，2项不可行。不可行方案原因见表7-32。

表 7-32　未能入选清洁生产方案一览表

项目名称	未入选原因
建立雨水收集系统	公园的绿化面积大，涵养水分的能力较强，且建立雨水收集系统造价较高，因此建立雨水收集系统的意义不大
中水回用	初步估算，该方案投资回收期7～8年，经济不可行，况且公园现在已经在使用市政中水，因此该方案实施的意义不大

（5）方案实施

对已经实施的2项无/低费方案进行环境、经济效益分析（表7-33），无/低费方案的效益主要体现在提高工作效率、减少资源能源浪费、减少环境污染等方面，部分方案难以定量计算产生的环境效益和经济效益。

表 7-33　无/低费方案实施效益表

序号	方案名称	方案内容	投资/万元	环境效益	经济效益/万元
1	更换漏水水龙头	完善巡检制度，更换漏水的水龙头，共计更换漏水阀门32个	0.51	节约水资源	无法量化
2	开展节能环保专题教育活动、加强清洁生产方面日常宣传教育	通过组织员工进行清洁生产学习以及在公园显著位置粘贴节能环保宣传材料，增强员工和游客的节能减排意识。定期开展清洁生产宣传教育，提高员工清洁生产意识，同时通过公园这个平台，向广大游客宣传，增强游客环境保护与节能减排意识	0.05	一方面通过宣传教育提高员工环保意识；另一方面通过公园的平台向广大游客宣传节能减排理念	无法量化

7.3.2.2　能源类专项案例

某公园能源消耗主要为电，其他能源消耗还包括汽油、天然气。其中汽油用于公园内部车辆的交通运输，包括打药车、公车、工程车等；天然气用于公园内部食堂的日常消耗和冬季锅炉的消耗。

（1）预审核

1）公园变配电系统　公园变配电系统现配备有3个变压器，电容量分别为630kV·A、500kV·A、200kV·A，1用2备。园区配有6个配电室，18个高压配电柜，19个低压配电柜，另有低压无功补偿装置对整个电路进行无功补偿。公园主要变配电系统设备见图7-10。公园每天进行记录，定期进行检测和维护，功率因数超过0.9，满足国家电网要求。

(a)　　(b)

图 7-10　公园主要变配电系统设备

2）公园制冷系统　公园没有大型的会议室及相关的设施场馆，制冷系统设备中没有大型中央空调，所使用的制冷系统全部为小型分体式空调设备，办公室、宿舍每个房间基本全部配置。

公园空调的运行时间较长，耗电量较大，如果在下班前半小时提前关闭，既不会影响室内舒适程度，又能节约不少电量。另外，空调的购置年度较早，能效等级较低，且均非变频空调，公园应更换能效等级较高的变频空调。

3）公园照明系统　公园照明系统分为两类，一类用于公园日常运行办公和生活的室内照明；另一类用于园区室外照明。公园平均每个办公室和宿舍配备照明灯具 2 支；园区室外照明又分为道路照明和景观照明，道路照明平均每隔 30m 配置一盏。

公园室内照明全部采用节能灯，室内照明消耗较少。为了进一步节电，可将 T8 灯更换为 T5 灯或者 LED 灯。另外，园区室外照明也应更换为 LED 灯。公园灯具见图 7-11。

4）公园供暖系统　公园供暖采用自备锅炉供暖，共有锅炉 2 台，1 用 1 备，均为 2t 燃气热水锅炉，燃料为天然气。公园值班室以及游客中心使用分体式空调进行采暖。

锅炉运行时间较长，年消耗天然气量较大，具有一定的季节性。锅炉系统属于外包运营，公园应掌握外包运营单位对锅炉运行、检修等情况的记录，以便更好地掌握锅炉的运行情况，对运营方提出要求，最大限度提高其燃烧效率。另外，采暖空调运行时间较长，但数量较少。如果在下班前半小

(a)

(b)

图 7-11　公园灯具

时提前关闭供暖设备，利用房间余热，既不会影响室内舒适程度，又能节约电量。

5）能源消耗情况　公园总体能源消耗概况见表 7-34。

表 7-34　公园总体能源消耗概况

项　　目	年份 1	年份 2	年份 3
公园建筑面积/m^2	4603.22	4603.22	4603.22
电耗/kW·h	648945	600796	614456
电力折标准煤吨数/t	79.76	73.84	75.52
汽油消耗/t	21.20	21.79	20.29
汽油折标准煤吨数/t	31.19	32.06	29.85
天然气/m^3	153789	151821	152878
天然气折标准煤吨数/t	204.54	201.92	203.33
公园年综合能耗(按标准煤计)/t	315.49	307.82	308.7
公园单位建筑面积综合能耗(按标准煤计)/(kg/m^2)	68.54	66.87	67.06

公园单位建筑面积综合能耗（按标准煤计）67.06kg/m^2，远远高于三级基准值，因此必须大力挖掘节能潜力，减少公园能耗。

公园能源消耗分布情况见图 7-12。

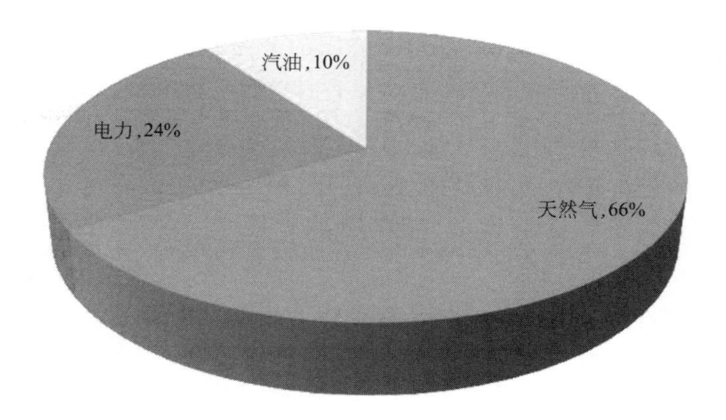

图7-12　公园能源消耗分布情况

如上所述，近3年来公园的建筑面积未发生改变，电力、汽油、天然气的消耗呈波动状态。从能耗分布来看，最大的能耗来源于天然气消耗，占总能耗的66%。天然气主要用于公园的厨房和冬季供暖的锅炉，尤其是锅炉在冬季运行时间较长，天然气消耗量较大，公园应加强了解委托运营单位对锅炉运行、检修等情况的记录，以便更好地掌握锅炉运行的情况，对运营方提出要求，最大限度提高燃烧效率。

（2）审核

由于公园整体建筑面积小，用能设施比较简单，用能形式比较单一，因此从能耗角度来讲，只有用天然气和用电环节有可挖掘的潜力。下面就这2种能源消耗进行具体分析。

1）天然气消耗　天然气消耗占公园总能耗的66%，是公园最大的能耗类型，也是公园最具节能潜力的环节。首先，从提高锅炉自身的热效率方面着手，督促委托运营单位对锅炉及时进行检修和维护，并做到正确使用；其次，可以从锅炉工作温度方面着手，在不影响取暖效果的前提下，委托运营单位降低锅炉的夜间工作温度，最终达到节约天然气消耗的目的。食堂的天然气主要用于给员工提供一日两餐，加强食堂天然气的使用管理，及时关停，严防泄漏，达到节约目的。

2）电力消耗　公园的电力消耗是天然气能耗外第二大的能源消耗环节，从电力消耗分布来看，公园有电机、水泵等常年工作的大功率用电设备，应对年久的效率低的设备进行更换，最终达到节能的目的。

此外，电力消耗集中在空调和照明消耗上，通过预审核阶段的调研可知，这 2 个环节非常具有节电潜力，公园的分体式空调中有超过 70% 的设备能效比均在 3 级及以下，公园对部分老旧空调进行更新，为空调系统节电提供保障。在现有制冷面积不变的情况下，采用高能效比的设备对空调节能会有明显的效果。另外，公园的照明灯具数量比较多，尤其办公楼和宿舍照明大都是 T8 型 36W 或 40W 的灯具，公园对其进行逐步替换。公园部分园区照明灯具功率较大，更换为 LED 灯。

公园浴室目前采用的是电热水器，由于使用人员较少，开启时间较短，年耗电量不太大，但为了进一步节约能源，可考虑改用太阳能热水器。

(3) 实施方案的产生和筛选

无/低费清洁生产方案见表 7-35。

表 7-35　无/低费清洁生产方案一览表

方案名称	方案内容	方案类型
提高锅炉的使用效率	督促委托运营单位加强锅炉的维护、检修以及工作温度的管理，定期向公园汇报锅炉运行管理情况	无/低费
更换 LED 灯	将园区内的部分路灯换为 LED 灯	无/低费
开展节能环保专题教育活动、加强清洁生产方面日常宣传教育	通过组织员工进行清洁生产审核工作的学习以及在公园显著位置粘贴节能环保宣传材料，倡导清洁生产，增强员工和游客的节能减排意识。定期开展清洁生产相关宣传教育，提高全体员工清洁生产意识，同时通过公园这个平台，让广大游客增强环境保护与节能减排的意识	无/低费
加强车辆节油管理	严格执行公务车辆用油管理，优化路线、加强车辆保养	无/低费
加强办公楼、宿舍的空调管理	制订空调管理制度，降低电能消耗	无/低费

中/高费清洁生产方案见表 7-36。

表 7-36　中/高费清洁生产方案一览表

方案名称	方案内容	方案类型
更换高能耗空调	3 级能效比及以下空调设备 占公园空调总数的 77%，分批逐步淘汰	中/高费方案

(4) 实施方案的确定

公园无大型中央空调，公园内部各主要办公室、会议室、宿舍每个房间基本全部配置了小型分体式空调，现园中共有空调 43 台，其中，2 级以上空调 10 台，3 级及以下能效比空调 33 台。

空调新旧能效等级对比见表 7-37。

表 7-37 空调新旧能效等级对比

	类型	额定制冷量(CC)/W	1 级	2 级	3 级	4 级	5 级
旧能效标准（12021.3—2004）	分体式	CC≤4500	3.4	3.2	3	2.8	2.6
		4500<CC≤7100	3.3	3.1	2.9	2.7	2.5
		7100<CC≤14000	3.2	3	2.8	2.6	2.4
	整体式		3.1	2.9	2.7	2.5	2.3
新能效标准（12021.3—2010）	类型	额定制冷量(CC)/W	1 级	2 级	3 级		
	分体式	CC≤4500	3.6	3.4	3.2		
		4500<CC≤7100	3.5	3.3	3.1		
		7100<CC≤14000	3.4	3.2	3		
	整体式		3.3	3.1	2.9		

公园购置的空调能效等级均较低，本方案首先将对空调进行更换，更换 33 台。

在确定更换高能效空调设备后，也需要考虑空调制冷剂的问题。公园使用的分体式空调的制冷剂均为 R22，R22 属于氢氯氟烃类制冷剂，对臭氧层破坏很大，是传统氯氟烃类制冷剂的过渡产品。根据《蒙特利尔议定书》的规定，2013 年发展中国家含氟量为中级的制冷剂生产和使用分别冻结在 2009 年和 2010 年这 2 年的平均水平，2015 年在这一冻结水平上削减 10%，2020 年削减 35%，2025 年削减 67.5%，2030 年实现除维修和特殊用途以外的完全淘汰。公园在更换设备时应考虑使用氢氟烃类制冷剂，其臭氧层破坏系数为 0。本次空调更换，公园拟选定采用 R410A 制冷剂的空调，R410A 是一种新型环保制冷剂，不破坏臭氧层，制冷（暖）效率高，提高空调性能。

能效比及制冷剂分析见表 7-38。

表 7-38 能效比及制冷剂分析

项目名称	拟更换的 2 级空调	公园现有空调
新能效标准能效比(分体式空调)	3.2～3.4	2.4～3
功率	0.7～2.3kW	1.0～2.63kW

续表

项目名称		拟更换的2级空调	公园现有空调
制冷剂影响	制冷剂	R410A	R22
	对臭氧层破坏情况	0	有破坏

节能效果分析见表7-39。

表7-39 节能效果分析

项目名称	功率/kW	数量/台	运行时间/(h/a)	耗电量/(10^4kW·h/a)	年电费/万元
拟更换的2级空调	0.7	18	528	1.8	2.16
	1.0	10			
	2.3	5			
公园现有空调	1.0	18		2.33	2.80
	1.3	10			
	2.63	5			

如表7-39所列，本方案可节电5.3×10^3kW·h。

本方案预计投资13.26万元，而本方案预计每年节约电费仅0.64万元，从经济角度来看，本方案不可行。但公园所有空调应符合《房间空气调节器能效限定值及能效等级》（GB 12021.3—2010）相关规定，该方案也有一定节能量（节电5.3×10^3kW·h/a），因此本方案予以实施。

（5）*方案实施*

对已经实施的方案进行环境效益、经济效益分析，方案的效益主要体现在提高工作效率、减少资源能源浪费、减少环境污染等方面，部分方案难以定量计算产生的环境效益和经济效益，具体分析结果见表7-40。

表7-40 方案实施效益表

方案名称	方案内容	投资/万元	环境效益	经济效益/万元
提高锅炉的使用效率	委托运行单位对锅炉的运行情况定期向公园后勤部进行汇报，并加强锅炉的维护、检修以及工作温度的管理	0	节约天然气1600m^3/a	0.44

续表

方案名称	方案内容	投资/万元	环境效益	经济效益/万元
更换LED灯	将部分路灯换为LED灯	0.26	节约用电 2.2×10^3kW·h/a(更换43套12W LED灯,每小时节电1.488kW,工作时间1460h)	0.26
开展节能环保专题教育活动、加强清洁生产方面日常宣传教育	通过组织员工进行清洁生产审核工作的学习以及在公园显著位置粘贴节能环保宣传材料,倡导清洁生产,增强员工和游客的环境保护与节能减排意识	0.05	一方面通过宣传教育提高员工的环保意识;另一方面通过公园这个有利的平台向广大游客宣传节能减排的理念	无法量化
加强车辆节油管理	严格执行公务车辆用油管理,优化路线、加强车辆保养。杜绝公车进行私用,公务用车需由主管领导审批后方可使用	0	节约汽油4t/a	年节约费用3.04
加强办公楼、宿舍的空调管理	制订办公室、宿舍空调管理制度,减少空调使用时间	0	节电 1.8×10^3kW·h/a	0.22
更换高能耗空调	3级能效比及以下空调设备占公园空调总数77%,分批逐步淘汰	13.26	节电 0.53×10^4kW·h/a	年节约电费0.64

7.3.2.3 环境保护类专项案例

(1) 预审核

某公园产生的污染物分为液体、固体和气体3大类,其产生部位也涉及整个服务过程。

公园供暖采用的主要是自备锅炉供暖,公园有2台锅炉,1备1用,燃料为天然气。锅炉没有安装烟气余热回收装置,公园对锅炉废气重视不够,没有进行锅炉废气检测,通过清洁生产审核,进行锅炉废气检测。公园锅炉废气检测数据见表7-41。

表7-41 公园锅炉废气检测数据

检测项目	检测结果
工况废气量/(m^3/h)	803
标况废气量/(m^3/h)	668
含氧量/%	6.3

续表

检测项目	检测结果		
	排放浓度/(mg/m³)	折算排放浓度/(mg/m³)	排放速率/(kg/h)
二氧化硫	<3	<3	$<2.0\times10^{-3}$
氮氧化物	90	116	0.25

北京市地方标准《锅炉大气污染物排放标准》(DB11/ 139—2015)中关于在用锅炉的大气污染物排放限值规定见表7-42。

表7-42 在用锅炉大气污染物排放限值

污染物	电站锅炉		工业锅炉		
	Ⅰ时段	Ⅱ时段	Ⅰ时段		Ⅱ时段
			≤45.5MW	>45.5MW	
烟尘/(mg/m³)	30	20	50	30	30
二氧化硫/(mg/m³)	100	50	150	100	50
氮氧化物/(mg/m³)	250	100	300	250	200
烟气不透光率/%	15	15	20	15	15
烟气黑度(林格曼)/级	1				

注:1. 自备电站锅炉执行工业锅炉大气污染物排放限值。

2. 在用锅炉划分为Ⅰ、Ⅱ2个时段:Ⅰ时段为自本标准实施之日起至2008年6月30日;Ⅱ时段为自2008年7月1日起。

北京市于2015年6月出台了最新版《锅炉大气污染物排放标准》(DB 11/ 139—2015),在新标准中规定2017年4月1日后,高污染禁燃区内氮氧化物排放要达到80mg/m³以下,可见公园现阶段的锅炉废气排放数据是不满足新标准要求的,因此公园将锅炉燃烧器更换为低氮燃烧器以满足大气污染物排放的要求。

(2) 实施方案的产生和筛选

清洁生产方案汇总及划分表见表7-43。

表7-43 方案汇总及划分表

方案名称	方案内容	方案类型
锅炉低氮燃烧器改造	将公园天然气锅炉的燃烧器更换为低氮燃烧器	中/高费
定期开展环境监测	定期开展锅炉废气监测,确保污染物稳定达标排放	无/低费

（3）实施方案的确定

本阶段的主要任务是对筛选出来的备选方案进行综合分析，包括技术可行性分析、环境可行性分析和经济可行性分析。通过方案的分析比较，选择技术上可行又获得环境和经济最佳效益的方案供公园领导层进行决策。在方案的产生和筛选阶段，初步筛选出 1 个中/高费重点方案，即公园将锅炉燃烧器更换为低氮燃烧器，该阶段主要针对这个方案进行可行性分析。

1）技术可行性　根据公园的实际情况，经研究采取的相关改造措施为用燃气低氮燃烧器将燃气和助燃空气分为多级，中心燃气与中心风配合，内强旋燃气与强旋流风配合，外弱旋燃气与外弱旋风配合，使燃气与助燃空气充分混合，形成多股、多层次火焰，提高了燃烧效率，减少局部高温火焰区域，大大降低了热力型 NO_x 的生成。低氮燃烧器通过燃料和助燃空气的内外强弱旋流对冲，降低了 NO_x 排放浓度，同时通过调节各级风的风量、旋流强度以及内外强弱燃气喷枪的旋转角度，提高了负荷调节性、炉膛及燃料适应性。

2）环境可行性　本方案进行低氮燃烧器改造，可有效减少 NO_x 产生和排放，减排量为 186.21kg，环境可行。

3）经济可行性　本方案主要为低氮燃烧器的改造，从经济投入来看并不具有较好的经济效益，但是考虑到北京市关于锅炉废气排放新标准的出台，并且低氮燃烧器改造对环境是十分有益的，因此公园还是准备对其投入改造，因此该方案可行。

（4）方案实施

已实施的无/低费方案的环境效益、经济效益见表 7-44。

表 7-44　无/低费方案实施效益表

方案名称	方案内容	投资/万元	环境效益	经济效益/万元
定期开展环境监测	定期开展锅炉废气监测，确保污染物稳定达标排放	0.4	污染物达标排放	无法量化

本轮审核共提出可行中/高费方案 1 项，公园制订详细计划，尽快实施（表 7-45）。

表 7-45　中/高费方案实施计划表

方案名称	实施计划	资金筹措计划
锅炉低氮燃烧器改造	2016 年年底	财政拨款

第8章 环境及公共设施管理行业清洁生产组织模式和促进机制

8.1 清洁生产组织模式

8.1.1 健全政策标准体系

加强对环境及公共设施管理行业推行清洁生产的综合引导。结合《清洁生产评价指标体系 环境及公共设施管理行业》（DB11/T 1262—2015）的应用，发布面向环境及公共设施管理行业的清洁生产技术、工艺、设备和产品推荐目录。健全环境及公共设施管理企事业单位的能源、水资源消费和污染排放计量、统计、监测、评价相关标准及管理规范，健全环境及公共设施管理行业清洁生产推行的相关政策和标准。

开展清洁生产评价指标体系等相关标准的实施效果评估，评价环境及公共设施管理行业推行清洁生产工作取得的效果和存在的问题，根据国家和北京市节能环保工作要求和环境及公共设施管理行业发展状况适时修订标准。

充分发挥行业协会、科研机构的作用，针对政府管理部门、企事业单位等不同对象，开展清洁生产相关法律法规、政策标准的宣贯和培训工作。

参照《城镇污水处理能源消耗限额》(DB11/T 1118—2014)，进一步规范城镇污水处理厂处理单位污水能源消耗限额的技术要求、统计范围及节能管理与措施，可用于城镇污水处理厂处理单位污水能源消耗的计算、管理、评价和监督。

依据《城镇污水处理厂污泥处理能源消耗限额》(DB11/T 1428—2017)，有效规范城镇污水处理厂污泥处理的能源消耗限额的技术要求、统计范围及节能管理与措施，可用于城镇污水处理厂污泥处理工艺能源消耗的计算、管理、评价和监督。

8.1.2　完善审核方法体系

研究完善环境及公共设施管理行业清洁生产评估管理方法学。完善环境及公共设施管理行业清洁生产审核单位名单制度，考虑以综合能耗、资源消耗量、污染物排放量等为依据，筛选需要开展清洁生产审核的环境及公共设施管理行业单位，确保将清洁生产审核补助经费落到实处，见到实效。依据《中华人民共和国清洁生产促进法》综合考虑资源能源消耗、环境污染、产业结构调整等因素，定期公布环境及公共设施管理行业强制性清洁生产审核单位名单。

研究完善环境及公共设施管理行业清洁生产审核基础方法学。以现有清洁生产审核的方法学为基础，研究完善针对环境及公共设施管理行业识别清洁生产审核重点的综合性、系统性方法学。针对环境及公共设施管理行业的能流、物质流、水流和污染排放系统，研究能量平衡、物料平衡以及关键污染因子平衡分析等清洁生产专项审核方法。

编制发布针对环境及公共设施管理行业的清洁生产实施指南，制定清洁生产方案产生方法和绩效评价方法标准；制定清洁生产审核验收绩效评价标准；建立环境及公共设施管理行业清洁生产审核绩效跟踪与后评估机制，研究建立审核绩效评估方法。探索将清洁生产审核实施效果与地方节能减排目标挂钩的核算依据和方法。

8.1.3　构筑组织实施体系

8.1.3.1　健全政府机制引导

落实《清洁生产促进法》相关要求，建立完善由市级清洁生产综合协调部门牵头，环境及公共设施管理行业主管部门参与的组织推进体系，健全环境及公共设施管理行业清洁生产协调联动的工作机制，形成多部门统筹协调、齐抓共管的环境及公共设施管理行业清洁生产促进合力。

8.1.3.2 完善清洁生产制度建设

引导企事业单位强化环境责任，选取环境及公共设施管理行业的典型单位，试点建立内部清洁生产组织机构，建立清洁生产责任制度。将清洁生产目标纳入单位发展规划，组织开展清洁生产。引导企事业单位在服务经营过程中，加强调动上游排污企业、游客等行为主体共同参与清洁生产，做到从采购、物流、服务等全过程的污染综合防控。支持总部型企业制订统一的企业清洁生产管理制度，自上而下统筹推进清洁生产。支持环境及公共设施管理行业内的龙头型企业把清洁生产理念延伸到供应链的相关企业，共同实施清洁生产，打造绿色产业链。

8.1.3.3 加强组织与推进实施

发挥环境及公共设施管理行业社会团体的作用，鼓励环境及公共设施管理行业成立行业清洁生产中心或技术联盟，指导行业推行清洁生产，加强清洁生产技术装备研发和应用推广，提高行业内部自主清洁生产审核和实施能力。

8.1.4 搭建市场服务体系

8.1.4.1 建立信息服务系统

建设覆盖环境及公共设施管理行业的清洁生产工作信息服务系统，向环境及公共设施管理行业内的企事业单位和研究单位提供有关清洁生产方法和技术、可再生利用的废物供求以及清洁生产政策等方面的信息和服务。

① 信息资讯与交流平台网络，宣传和推广清洁生产企业和成熟的清洁生产技术，连接企业和技术市场。

② 建立政府清洁生产项目在线申报网络，实施清洁生产审核及项目网上申报。

③ 建立清洁生产技术服务单位与专家数据库、清洁生产项目库、清洁生产审核单位数据库，实现清洁生产工作的信息化和系统化。

8.1.4.2　构建技术创新支撑体系

鼓励环境及公共设施管理行业龙头企业积极与高校、科研院所等合作，开展关键清洁生产技术的研发、应用和推广，共建清洁生产技术推广服务平台或行业清洁生产促进联盟。支持节能环保企业和规划设计研究咨询机构等，大力开发面向环境及公共设施管理行业的清洁生产技术、设备与解决方案，开展管理创新研究。

8.1.4.3　培育咨询服务市场

① 鼓励发展环境及公共设施管理行业清洁生产审核及相关的能源审计、合同能源管理、节能监测等节能环保中介服务业，支持中介机构提升清洁生产咨询服务业务能力。

② 实行咨询服务机构资质分类管理。参照环境影响评价资质管理，实行清洁生产咨询资质分类管理。咨询服务机构除了具备规定的专业技术人员数量和资质外，还要根据其所具备的行业技术人员情况，确认其所能够从事咨询服务的特定行业类型。

③ 加强对清洁生产审核等中介服务机构的培训扶持、监督管理，完善市场准入和退出机制，不断规范服务市场。

8.1.5　夯实基础支撑体系

科学细化环境及公共设施管理行业能耗、水耗计量系统。在环境及公共设施管理行业试点开展智能化能源计量器具配备工作，推动重点企业逐步规范能源、水计量器具配备。鼓励重点环境及公共设施管理企业安装具有在线采集、远传、智能功能的能源、水计量器具，逐步推动企业建立能源计量管理系统，实现计量数据在线采集、实时监测。加强计量工作审查评价。

健全环境及公共设施管理行业能耗、水耗统计，试点开展物耗统计。结合环境及公共设施管理业的能耗、水耗特点，建立覆盖环境及公共设施管理业重点单位的能源和水消费主要监测指标，支持以企业为主体试点开展物耗统计和物质流平衡分析。

加强污染物排放监测。对重点环境及公共设施管理单位定期开展污染物排放监督性监测，适当提高监测频次。集团单位应加强对下属单位的环境监管。鼓励企业开展自行监测。

8.1.6 创建示范引导体系

创建一批环境及公共设施管理行业清洁生产示范项目。支持环境及公共设施管理行业单位高标准实施一批从初始设计、建设、改造到消费全过程，以技术、管理和行为为一体的综合改造示范项目，为同行业深入开展清洁生产改造树立标杆。发布环境及公共设施管理行业清洁生产典型项目案例，开展环境及公共设施管理行业清洁生产交流和成果展示，推广成熟的清洁生产技术和解决方案。

创建一批环境及公共设施管理行业清洁生产示范单位。针对环境及公共设施管理行业企事业单位，围绕建立清洁生产管理体系、规范开展清洁生产审核、采用清洁生产先进技术、系统实施清洁生产方案等内容，培育一批高标准开展清洁生产的示范单位，树立典型，带动其他企业全面实施清洁生产。

8.2 清洁生产鼓励政策及约束机制

8.2.1 鼓励政策

8.2.1.1 资金支持

支持环境及公共设施管理行业企事业单位开展清洁生产审核。以北京市为例，通过清洁生产审核评估的单位，享受审核费用补助。单位为非公共机构的，对实际发生金额10万元以下的审核费用给予全额补助，实际发生金额超过10万元以上的部分给予50%补助，最高审核费用补助额度不超过15万元。单位为公共机构的，根据实际发生的审核费用给予全额补助，最高补助额度不超过15万元。

对清洁生产实施单位在审核中提出的中/高费项目给予一定资金支持。以《北京市清洁生产管理办法》为例，根据实施单位全部清洁生产项目的综合投入、进度计划、进展情况及预期成效等方面，确定补助项目及补助资金。单个项目补助标准原则上不得超过项目总投资额的30%，总投资额大于3000万元（含）的中/高费项目原则上应纳入政府固定资产投资计划，单个项目补助金额最高不超过2000万元。中/高费项目补助资金分批拨付，清洁生产绩效验收前拨付70%补助资金，剩余资金在实施单位通过清洁生产绩效验收后拨付。

8.2.1.2　表彰奖励

建立清洁生产表彰奖励制度，对在清洁生产工作中做出显著成绩的单位和个人给予表彰和奖励。各级政府、行业协会、实施单位应当根据实际情况建立相应的清洁生产表彰奖励制度，对表现突出的人员给予一定的奖励。环境及公共设施管理行业主管部门优先推荐通过清洁生产绩效验收的实施单位，参加国家和地方组织的先进单位评比、试点示范单位创建活动。鼓励财政部门对通过清洁生产绩效验收的实施单位给予资金奖励。

8.2.1.3　税收优惠

税收作为一种重要的经济手段，对清洁生产的推行具有重要的引导与刺激作用。因此，改革资源税与消费税，如扩大资源税的征税范围，对以难降解、有污染效应的物质为原料，仍沿用落后技术和工艺进行生产，可能导致环境污染的产品，以及一次性使用的产品，要征收资源税和消费税。开征环境税，并不是简单地增加企业的税负，而是在总税负基本不变的情况下，调整税收结构，通过税收对企业的环境绩效进行评判，奖优罚劣。具体来说，环境税应实行超额累进税率，充分体现污染者付费、多污染多付费的原则。环境税这个新税种开征后，逐渐提高环境税率，通过“绿色税收改革”，促进清洁生产的推广。

探索在环境及公共设施管理行业推行环保“领跑者”制度。如符合“领跑者”要求的单位，排污费减半征收；而环保违法者排污费则加倍征收。

8.2.2　约束机制

8.2.2.1　建立环境准入和淘汰机制

综合考虑污染物排放标准、清洁生产评价指标体系、取水定额、能耗限额等标准要求，逐步建立环境及公共设施管理行业环境准入制度。在环境及公共设施管理行业项目审批和建设阶段，强调生态设计，从源头降低资源能源消耗和污染物排放。在运营阶段，根据相关行业准入制度的要求，针对资源能源消耗、污染物排放等问题开展专项检查工作，对不符合要求的项目限期治理或淘汰。

8.2.2.2 依法开展清洁生产审核

根据《中华人民共和国清洁生产促进法》第三十九条，不实施强制性清洁生产审核或者在清洁生产审核中弄虚作假的，或者实施强制性清洁生产审核的企业不报告或者不如实报告审核结果的，由县级以上地方人民政府负责清洁生产综合协调的部门、生态环境保护部门按照职责分工责令限期改正；拒不改正的，处以五万元以上五十万元以下的罚款。

对资源能源消耗量大、污染物排放量大或排放超标的环境及公共设施管理企事业单位，探索开展强制性清洁生产审核。

8.2.2.3 建立信息公开制度

做好信息公开。清洁生产管理部门应定期发布开展清洁生产审核、通过清洁生产审核评估和通过绩效验收的单位名单。实施强制性清洁生产审核的单位应当按规定进行信息公开，将审核结果在本区（县）主要媒体上公布接受公众监督，涉及商业秘密的除外。

8.2.2.4 严格环境监督管理

相关管理部门应严格执行对环境及公共设施管理企事业单位的环境管理和监督。对不采用清洁生产工艺和技术的环境及公共设施管理企事业单位，限制其经营许可的颁发，金融机构不予贷款；对严重污染环境，能耗、水耗过高的单位，不采用清洁生产工艺、技术进行技术改造的，行业主管部门不得批准其恢复运营。对不符合要求的企业应及时处罚，并逐步加大处罚力度。

参考文献

[1] 杨永杰．环境保护与清洁生产［M］．北京：化学工业出版社，1996.

[2] 张天柱．中国清洁生产的十年［J］．产业与环境，2003（增刊）：21-26.

［3］ 车卉淳．可持续发展框架下的清洁生产问题分析［J］．物流经济，2007，11：52-53.
［4］ 宋永欣．清洁生产、循环经济与可持续发展［J］．中国资源综合利用，2008，(4)：19-21.
［5］ 周耀东．清洁生产、节能减排是企业可持续发展必由之路［J］．环境科学，2008，37 (2)：60-62.
［6］ 郑可．清洁生产是实施可持续发展战略的主要环节［J］．现代制造技术与装备，2008，(2)：4-5.

附录1 政策类文件

1.1 城市污水处理及污染防治技术政策

《城市污水处理及污染防治技术政策》（建成〔2000〕124号）部分内容如下。

（1）处理工艺

1）一级强化处理工艺　一级强化处理，应根据城市污水处理设施建设的规划要求和建设规模，选用物化强化处理法、AB法前段工艺、水解好氧法前段工艺、高负荷活性污泥法等技术。

2）二级处理工艺

① 日处理能力在20万立方米以上（不包括20万立方米/日）的污水处理设施，一般采用常规活性污泥法。也可采用其他成熟技术。

② 日处理能力在10万～20万立方米的污水处理设施，可选用常规活性污泥法、氧化沟法、SBR法和AB法等成熟工艺。

③ 日处理能力在10万立方米以下的污水处理设施，可选用氧化沟法、SBR法、水解好氧法、AB法和生物滤池法等技术，也可选用常规活性污泥法。

3）二级强化处理　二级强化处理工艺是指除有效去除碳源污染物外，且具备较强的除磷脱氮功能的处理工艺。在对氮、磷污染物有控制要求的地区，日处理能力在10万立方米以上的污水处理设施，一般选用A/O法、A/A/O法等技术。也可审慎选用其他的同效技术。日处理能力在10万立方米以下的污水处理设施，除采用A/O法、A^2/O法外，也可选用具有除磷脱氮效果的氧化沟法、SBR法、水解好氧法和生物滤池法等。必要时也可选用物化方法强化除磷效果。

4）自然净化处理工艺　在有条件的地区，可利用荒地、闲地等可利用的条件，采用各种类型的土地处理和稳定塘等自然净化技术。

城市污水二级处理出水不能满足水环境要求时，在条件许可的情况下，可采用土地处理系统和稳定塘等自然净化技术进一步处理。

采用土地处理技术，应严格防止地下水污染。

（2）污泥处理

城市污水处理产生的污泥，应采用厌氧、好氧和堆肥等方法进行稳定化处理。也可采用卫生填埋方法予以妥善处置。

日处理能力在10万立方米以上的污水二级处理设施产生的污泥，宜采取厌氧消化工艺进行处理，产生的沼气应综合利用。

日处理能力在10万立方米以下的污水处理设施产生的污泥，可进行堆肥处理和综合利用。

采用延时曝气的氧化沟法、SBR法等技术的污水处理设施，污泥需达到稳定化。采用物化一级强化处理的污水处理设施，产生的污泥必须进行妥善的处理和处置。

经过处理后的污泥，达到稳定化和无害化要求的，可农田利用；不能农田利用的污泥，应按有关标准和要求进行卫生填埋处置。

（3）污水再生利用

污水再生利用，可选用混凝、过滤、消毒或自然净化等深度处理技术。

提倡各类规模的污水处理设施按照经济合理和卫生安全的原则，实行污水再生利用。发展再生水在农业灌溉、绿地浇灌、城市杂用、生态恢复和工业冷却等方面的利用。

（4）二次污染防治

为保证公共卫生安全，防治传染性疾病传播，城市污水处理设施应设置消毒设施。

在环境卫生条件有特殊要求的地区，应防治恶臭污染。

城市污水处理设施的机械设备应采用有效的噪声防治措施，并符合有关噪声控制要求。

城镇污水处理厂经过稳定化处理后的污泥，用于农田时不得含有超标的重金属和其他有毒有害物质。卫生填埋处置时严格防治污染地下水。

1.2 城镇排水与污水处理条例

《城镇排水与污水处理条例》（中华人民共和国国务院令第 641 号）部分内容如下。

城镇污水处理设施维护运营单位应当保证出水水质符合国家和地方规定的排放标准，不得排放不达标污水。

城镇污水处理设施维护运营单位应当按照国家有关规定检测进出水水质，向城镇排水主管部门、环境保护主管部门报送污水处理水质和水量、主要污染物削减量等信息，并按照有关规定和维护运营合同，向城镇排水主管部门报送生产运营成本等信息。

城镇污水处理设施维护运营单位或者污泥处理处置单位应当安全处理处置污泥，保证处理处置后的污泥符合国家有关标准，对产生的污泥以及处理处置后的污泥去向、用途、用量等进行跟踪、记录，并向城镇排水主管部门、环境保护主管部门报告。任何单位和个人不得擅自倾倒、堆放、丢弃、遗撒污泥。

城镇污水处理设施维护运营单位应当为进出水在线监测系统的安全运行提供保障条件。

国家鼓励城镇污水处理再生利用，工业生产、城市绿化、道路清扫、车辆冲洗、建筑施工以及生态景观等，应当优先使用再生水。

1.3 城市生活垃圾处理及污染防治技术政策

《城市生活垃圾处理及污染防治技术政策》（建成〔2000〕120 号）部分内容如下。

（1） 垃圾综合利用

① 积极发展综合利用技术，鼓励开展对废纸、废金属、废玻璃、废塑料等的回收利用，逐步建立和完善废旧物资回收网络。

② 鼓励垃圾焚烧余热利用和填埋气体回收利用，以及有机垃圾的高温

堆肥和厌氧消化制沼气利用等。

(2) 垃圾收集和运输

① 垃圾收集和运输应密闭化，防止暴露、散落和滴漏。鼓励采用压缩式收集和运输方式。尽快淘汰敞开式收集和运输方式。

② 禁止危险废物进入生活垃圾。逐步建立独立系统，收集、运输和处理废电池、日光灯管、杀虫剂容器等。

(3) 卫生填埋处理

① 卫生填埋场址的自然条件符合标准要求的，可采用天然防渗方式；不具备天然防渗条件的，应采用人工防渗技术措施。

② 场内应实行雨水与污水分流，减少运行过程中的渗沥水（渗滤液）产生量。

③ 设置渗沥水收集系统，鼓励将经过适当处理的垃圾渗沥水排入城市污水处理系统。不具备上述条件的，应单独建设处理设施，达到排放标准后方可排入水体。渗沥水也可以进行回流处理，以减少处理量，降低处理负荷，加快卫生填埋场稳定化。

④ 应设置填埋气体导排系统，采取工程措施，防止填埋气体侧向迁移引发的安全事故。尽可能对填埋气体进行回收和利用；对难以回收和无利用价值的，可将其导出处理后排放。

⑤ 填埋时应实行单元分层作业，做好压实和每日覆盖。

⑥ 填埋终止后，要进行封场处理和生态环境恢复，继续引导和处理渗沥水、填埋气体。在卫生填埋场稳定以前，应对地下水、地表水、大气进行定期监测等。

(4) 焚烧处理

① 焚烧适用于进炉垃圾平均低位热值高于5000kJ/kg、卫生填埋场地缺乏和经济发达的地区。

② 垃圾应在焚烧炉内充分燃烧，烟气在后燃室应在不低于850℃的条件下停留不少于2s。

③ 垃圾焚烧应严格按照《生活垃圾焚烧污染控制标准》等有关标准要求，对烟气、污水、炉渣、飞灰、臭气和噪声等进行控制和处理，防止对环境的污染。

④ 应采用先进和可靠的技术及设备，严格控制垃圾焚烧的烟气排放。

烟气处理宜采用半干法加布袋除尘工艺。

⑤ 应对垃圾储坑内的渗滤水和生产过程的废水进行预处理和单独处理，达到排放标准后排放等。

(5) 堆肥处理

① 垃圾堆肥适用于可生物降解的有机物含量大于40%的垃圾。鼓励在垃圾分类收集的基础上进行高温堆肥处理。

② 垃圾堆肥过程中产生的渗沥水可用于堆肥物料水分调节。向外排放的，经处理应达到《污水综合排放标准》和《城市生活垃圾堆肥处理厂技术评价指标》要求。

③ 应采取措施对堆肥过程中产生的臭气进行处理，达到《恶臭污染物排放标准》要求。

④ 堆肥产品应符合《城镇垃圾农用控制标准》《城市生活垃圾堆肥处理厂技术评价指标》及《粪便无害化卫生标准》有关规定，加强堆肥产品中重金属的检测和控制。

⑤ 堆肥过程中产生的残余物可进行焚烧处理或卫生填埋处置等。

1.4 生活垃圾处理技术指南

《生活垃圾处理技术指南》(建城〔2010〕61号) 部分内容如下。

(1) 生活垃圾处理设施建设技术要求

1) 卫生填埋场

① 卫生填埋场设计和建设应满足《生活垃圾卫生填埋技术规范》(CJJ 17)、《生活垃圾卫生填埋处理工程项目建设标准》和《生活垃圾填埋场污染控制标准》(GB 16889) 等相关标准的要求。

② 卫生填埋场必须进行防渗处理，防止对地下水和地表水造成污染，同时应防止地下水进入填埋区。鼓励采用厚度不小于1.5mm的高密度聚乙烯膜作为主防渗材料。

③ 填埋区防渗层应铺设渗滤液收集导排系统。卫生填埋场应设置渗滤液调节池和污水处理装置，渗滤液经处理达标后方可排放到环境中。调节池宜采取封闭等措施防止恶臭物质污染大气。

④ 垃圾渗滤液处理宜采用“预处理—生物处理—深度处理和后处理”

的组合工艺。在满足国家和地方排放标准的前提下，经充分的技术可靠性和经济合理性论证后也可采用其他工艺。

⑤ 生活垃圾卫生填埋场应实行雨污分流并设置雨水集排水系统，以收集、排出汇水区内可能流向填埋区的雨水、上游雨水以及未填埋区域内未与生活垃圾接触的雨水。雨水集排水系统收集的雨水不得与渗滤液混排。

⑥ 卫生填埋场必须设置有效的填埋气体导排设施，应对填埋气体进行回收和利用，严防填埋气体自然聚集、迁移引起的火灾和爆炸。卫生填埋场不具备填埋气体利用条件时，应导出进行集中燃烧处理。未达到安全稳定的旧卫生填埋场应完善有效的填埋气体导排和处理设施等。

2）焚烧厂

① 生活垃圾焚烧厂设计和建设应满足《生活垃圾焚烧处理工程技术规范》（CJJ 90）、《生活垃圾焚烧处理工程项目建设标准》和《生活垃圾焚烧污染控制标准》（GB 18485）等相关标准以及各地地方标准的要求。

② 生活垃圾焚烧厂年工作日应为 365d，每条生产线的年运行时间应在 8000h 以上。生活垃圾焚烧系统设计服务期限不应低于 20 年。

③ 生活垃圾池有效容积宜按 5～7d 额定生活垃圾焚烧量确定。生活垃圾池应设置垃圾渗滤液收集设施。生活垃圾池内壁和池底的饰面材料应满足耐腐蚀、耐冲击负荷、防渗水等要求，外壁及池底应做防水处理。

④ 生活垃圾在焚烧炉内应得到充分燃烧，二次燃烧室内的烟气在不低于 850℃的条件下滞留时间不小于 2s，焚烧炉渣热灼减率应控制在 5%以内。

⑤ 烟气净化系统必须设置袋式除尘器，去除焚烧烟气中的粉尘污染物。酸性污染物包括氯化氢、氟化氢、硫氧化物、氮氧化物等，应选用干法、半干法、湿法或其组合处理工艺对其进行去除。应优先考虑通过生活垃圾焚烧过程的燃烧控制，抑制氮氧化物的产生，并宜设置脱氮氧化物系统或预留该系统安装位置。

⑥ 生活垃圾焚烧过程应采取有效措施控制烟气中二噁英的排放，具体措施包括：严格控制燃烧室内焚烧烟气的温度、停留时间与气流扰动工况；减少烟气在 200～500℃温度区的滞留时间；设置活性炭粉等吸附剂喷入装置，去除烟气中的二噁英和重金属。

⑦ 规模为 300t/d 及以上的焚烧炉烟囱高度不得小于 60m，烟囱周围半径 200m 距离内有建筑物时烟囱应高出最高建筑物 3m 以上等。

（2）生活垃圾处理设施运行监管要求

1）卫生填埋场

① 加强对进场生活垃圾的检查，对进场生活垃圾应登记其来源、性质、质量、车号、运输单位等情况，防止不符合规定的废物进场。

② 产生的垃圾渗滤液应及时收集、处理，并达标排放，渗滤液处理设施应配备在线监测控制设备。

③ 应保证填埋气体收集井内管道连接顺畅，填埋作业过程应注意保护气体收集系统。填埋气体及时导排、收集和处理，运行记录完整；填埋气体集中收集系统应配备在线监测控制设备。

④ 填埋终止后，要进行封场处理和生态环境恢复，要继续导排和处理垃圾渗滤液和填埋气体。

⑤ 卫生填埋场稳定以前，应对地下水、地表水、大气进行定期监测。对排水井的水质监测频率应不少于每周一次，对污染扩散井和污染监视井的水质监测频率应不少于每两周一次，对本底井的水质监测频率应不少于每月一次；每天进行一次卫生填埋场区和填埋气体排放口的甲烷浓度监测；根据具体情况适时进行场界恶臭污染物监测。

⑥ 卫生填埋场运行和监管应符合《城市生活垃圾卫生填埋场运行维护技术规程》（CJJ 93）、《生活垃圾填埋场污染控制标准》（GB 16889）等相关标准的要求。

2）焚烧厂

① 应监控生活垃圾储坑中的生活垃圾储存量，并采取有效措施导排生活垃圾储坑中的渗滤液。渗滤液应经处理后达标排放，或可回喷进焚烧炉焚烧。

② 应实现焚烧炉运行状况在线监测，监测项目至少包括焚烧炉燃烧温度、炉膛压力、烟气出口氧气含量和一氧化碳含量，应在显著位置设立标牌，自动显示焚烧炉运行工况的主要参数和烟气主要污染物的在线监测数据。当生活垃圾燃烧工况不稳定、生活垃圾焚烧锅炉炉膛温度无法保持在850℃以上时，应使用助燃器助燃。相关部门要组织对焚烧厂二噁英排放定期检测和不定期抽检工作。

③ 生活垃圾焚烧炉应定时吹灰、清灰、除焦；余热锅炉应进行连续排污与定时排污。

④ 焚烧产生的炉渣和飞灰应按照规定分别进行妥善处理或处置。经常

巡视、检查炉渣收运设备和飞灰收集与储存设备，并应做好出厂炉渣量、车辆信息的记录、存档工作。飞灰输送管道和容器应保持密闭，防止飞灰吸潮堵管。

⑤ 对焚烧炉渣热灼减率至少每周检测一次，并做相应记录。焚烧飞灰属于危险废物，应密闭收集、运输并按照危险废物进行处置。经处理满足《生活垃圾填埋场污染控制标准》（GB 16889）要求的焚烧飞灰，可以进入生活垃圾填埋场处置。

⑥ 烟气脱酸系统运行时应防止石灰堵管和喷嘴堵塞。袋式除尘器运行时应保持排灰正常，防止灰搭桥、挂壁、粘袋；停止运行前去除滤袋表面的飞灰。活性炭喷入系统运行时应严格控制活性炭品质及当量用量，并防止活性炭仓高温。

⑦ 处理能力在600t/d以上的焚烧厂应实现烟气自动连续在线监测，监测项目至少应包括氯化氢、一氧化碳、烟尘、二氧化硫、氮氧化物等项目，并与当地环卫和环保主管部门联网，实现数据的实时传输。

⑧ 应对沼气易聚集场所如料仓、污水及渗滤液收集池、地下建筑物内、生产控制室等处进行沼气日常监测，并做好记录；空气中沼气浓度大于1.25%时应进行强制通风。

⑨ 生活垃圾焚烧厂运行和监管应符合《生活垃圾焚烧厂运行维护与安全技术规程》（CJJ 128）、《生活垃圾焚烧污染控制标准》（GB 18485）等相关标准的要求等。

附录2

2.1 城镇污水处理厂水污染物排放标准

《城镇污水处理厂水污染物排放标准》（DB 11890—2012）部分内容如下。

新（改、扩）建城镇污水处理厂基本控制项目的排放限值执行表1中的限值。其中排入北京市Ⅱ、Ⅲ类水体的城镇污水处理厂执行A标准，排入Ⅳ、Ⅴ类水体的城镇污水处理厂执行B标准。

现有城镇污水处理厂基本控制项目的排放限值执行表2中的限值。其中排入北京市Ⅱ、Ⅲ类水体的城镇污水处理厂执行A标准，排入Ⅳ、Ⅴ类水体的城镇污水处理厂执行B标准。

自2015年12月31日起，现有中心城城镇污水处理厂基本控制项目的排放限值执行表1的B标准。

新（改、扩）建和现有城镇污水处理厂选择控制项目的排放限值执行表3的规定。

表1　新（改、扩）建城镇污水处理厂基本控制项目排放限值

单位：mg/L（凡注明者除外）

序号	基本控制项目	A标准	B标准
1	pH值(无量纲)	6～9	6～9
2	化学需氧量(COD_{Cr})	20	30
3	五日生化需氧量(BOD_5)	4	6

续表

序号	基本控制项目	A 标准	B 标准
4	悬浮物(SS)	5	5
5	动植物油	0.1	0.5
6	石油类	0.05	0.5
7	阴离子表面活性剂	0.2	0.3
8	总氮(以 N 计)	10	15
9	氨氮(以 N 计)	1.0(1.5)	1.5(2.5)
10	总磷(以 P 计)	0.2	0.3
11	色度/倍	10	15
12	粪大肠菌群数/(MPN/L)	500	1000
13	总汞	0.001	
14	烷基汞	不得检出	
15	总镉	0.005	
16	总铬	0.1	
17	六价铬	0.05	
18	总砷	0.05	
19	总铅	0.05	

注：12 月 1 日至第 2 年 3 月 31 日执行括号内的排放值，下同。

表 2　现有城镇污水处理厂基本控制项目排放限值

单位：mg/L（凡注明者除外）

序号	基本控制项目	A 标准	B 标准
1	pH 值(无量纲)	6～9	6～9
2	化学需氧量(COD_{Cr})	50	60
3	五日生化需氧量(BOD_5)	10	20
4	悬浮物(SS)	10	20
5	动植物油	1.0	3.0
6	石油类	1.0	3.0
7	阴离子表面活性剂	0.5	1.0
8	总氮(以 N 计)	15	20
9	氨氮(以 N 计)	5(8)	8(15)
10	总磷(以 P 计)	0.5	1.0
11	色度/倍	30	30
12	粪大肠菌群数/(MPN/L)	1000	10000

续表

序号	基本控制项目	A标准	B标准
13	总汞	0.001	
14	烷基汞	不得检出	
15	总镉	0.01	
16	总铬	0.1	
17	六价铬	0.05	
18	总砷	0.1	
19	总铅	0.1	

表3　选择控制项目排放限值

单位：mg/L（凡注明者除外）

序号	选择控制项目	排放限值	序号	选择控制项目	排放限值
1	总镍	0.02	29	2,4,6-三氯酚	不得检出
2	总铍	0.002	30	可吸附有机卤化物（AOX以Cl计）	不得检出
3	总银	0.1			
4	总硒	0.02	31	三氯甲烷	0.06
5	总锰	0.1	32	1,2-二氯乙烷	不得检出
6	总铜	0.5	33	四氯化碳	0.002
7	总锌	1.0	34	三氯乙烯	0.07
8	苯并[a]芘	0.000002	35	四氯乙烯	0.04
9	总α放射性/(Bq/L)	1.0	36	氯苯	0.05
10	总β放射性/(Bq/L)	10	37	1,4-二氯苯	不得检出
11	挥发酚	0.01	38	1,2-二氯苯	不得检出
12	总氰化物	0.2	39	1,2,4-三氯苯	不得检出
13	硫化物	0.2	40	对硝基氯苯	不得检出
14	氟化物	1.5	41	2,4-二硝基氯苯	不得检出
15	甲醛	0.5	42	邻苯二甲酸二丁酯	0.003
16	甲醇	3.0	43	邻苯二甲酸二辛酯	0.008
17	硝基苯类	0.015	44	丙烯腈	不得检出
18	苯胺类	0.1	45	彩色显影剂	1.0
19	苯	0.01	46	显影剂及其氧化物总量	2.0
20	甲苯	0.1	47	有机磷农药(以P计)	不得检出
21	乙苯	0.2	48	马拉硫磷	不得检出
22	邻二甲苯	0.2	49	乐果	不得检出
23	对二甲苯	0.2	50	对硫磷	不得检出
24	间二甲苯	0.2	51	甲基对硫磷	不得检出
25	苯系物总量	1.2	52	五氯酚及五氯酚钠(以五氯酚计)	不得检出
26	苯酚	0.01			
27	间甲酚	0.01	53	总有机碳(TOC)	12
28	2,4-二氯酚	不得检出	54	可溶性固体总量	1000

2.2 恶臭污染物排放标准

《恶臭污染物排放标准》(GB 14554—93) 部分内容如下。

恶臭污染物厂界标准值是对无组织排放源的限值，见表 4。

表 4 恶臭污染物厂界标准值

序号	控制项目	单位	一级	二级		三级	
				新(扩、改)建	现有	新(扩、改)建	现有
1	氨	mg/m^3	1.0	1.5	2.0	4.0	5.0
2	三甲胺	mg/m^3	0.05	0.08	0.15	0.45	0.80
3	硫化氢	mg/m^3	0.03	0.06	0.10	0.32	0.60
4	甲硫醇	mg/m^3	0.004	0.007	0.010	0.020	0.035
5	甲硫醚	mg/m^3	0.03	0.07	0.15	0.55	1.10
6	二甲二硫	mg/m^3	0.03	0.06	0.13	0.42	0.71
7	二硫化碳	mg/m^3	2.0	3.0	5.0	8.0	10
8	苯乙烯	mg/m^3	3.0	5.0	7.0	14	19
9	臭气浓度	无量纲	10	20	30	60	70

恶臭污染物排放标准值，见表 5。

表 5 恶臭污染物排放标准值

序号	控制项目	排气筒高度/m	排放量/(kg/h)
1	硫化氢	15	0.33
		20	0.58
		25	0.90
		30	1.3
		35	1.8
		40	2.3
		60	5.2
		80	9.3
		100	14
		120	21
2	甲硫醇	15	0.04
		20	0.08
		25	0.12
		30	0.17
		35	0.24
		40	0.31
		60	0.69

续表

序号	控制项目	排气筒高度/m	排放量/(kg/h)
3	甲硫醚	15	0.33
		20	0.58
		25	0.90
		30	1.3
		35	1.8
		40	2.3
		60	5.2
4	二甲二硫醚	15	0.43
		20	0.77
		25	1.2
		30	1.7
		35	2.4
		40	3.1
		60	7.0
5	二硫化碳	15	1.5
		20	2.7
		25	4.2
		30	6.1
		35	8.3
		40	11
		60	24
		80	43
		100	68
		120	97
6	氨	15	4.9
		20	8.7
		25	14
		30	20
		35	27
		40	35
		60	75
7	三甲胺	15	0.54
		20	0.97
		25	1.5
		30	2.2
		35	3.0
		40	3.9
		60	8.7
		80	15
		100	24
		120	35

续表

序号	控制项目	排气筒高度/m	排放量/(kg/h)
8	苯乙烯	15	6.5
		20	12
		25	18
		30	26
		35	35
		40	46
		60	104
9	臭气浓度	排气筒高度/m	标准值(无量纲)
		15	2000
		25	6000
		35	15000
		40	20000
		50	40000
		≥60	60000

2.3　生活垃圾转运站运行管理规范

《生活垃圾转运站运行管理规范》(DB11/T 271—2014) 部分内容如下。

(1) 除尘系统

① 卸料点应设有扬尘收集、控制系统，分选车间、压装车间和重箱区等易扬尘区域应采取有效的扬尘控制措施。

② 除尘系统应按工艺要求有效运行并有相应记录。

(2) 污水处理

① 转运站应有渗滤液收集和存储设施，及时收集生产过程中产生的渗滤液。如设有渗滤液处理设施，应达标排放；如没有渗滤液处理设施，应运送到集中处理设施进行处理。

② 站内产生的生活污水应按 DB11/ 307 的规定集中排放。

③ 收集、处理设施应按工艺要求有效运行并有记录；在进水口和各出水口设置有效计量设备、监测设备；对出水进行监测并记录，监测频次按相关规定执行。

(3) 臭气控制

① 产生臭气的车间及设施（如引桥、垃圾卸料、分选、压装、重箱区、

渗滤液处理区等）应全密闭、负压运行，并采取臭气收集、控制措施；非密闭区域（如垃圾收集车等候区），必要时应采取辅助除臭措施。

② 收集后的臭气应按工艺要求进行处理，达标排放。

③ 除臭系统应按工艺要求有效运行并有相应记录，并自行对集中排气口和臭气易积聚地点进行氨气、硫化氢的监测、记录。监测频次为每日1次。

(4) 环境保护

① 厂界噪声标准应符合 GB 12348 的规定。

② 渗滤液和污水排放标准应符合 DB11/ 307 的规定。

③ 厂界空气中总悬浮颗粒物、氮氧化物、一氧化碳、二氧化硫允许浓度应符合 DB11/ 501 的规定。

④ 厂界恶臭污染物硫化氢、氨气应符合 DB11/ 501 的规定，臭气浓度应符合 GB 14554 的规定，站区（含站前道路）及站外 500m 内无明显特征臭味。

⑤ 站区（含站前道路）环境应整洁，无渗滤液、污水积存，无垃圾遗撒和明显扬尘，定期冲洗，地面无渗滤液污渍，应采取有效的灭蝇除臭措施。

⑥ 垃圾卸料、分选、压装、引桥等作业空间应全密闭且负压运行……

2.4 生活垃圾堆肥厂运行管理规范

《生活垃圾堆肥厂运行管理规范》(DB11/T 272—2014) 部分内容如下。

(1) 堆肥残余物处理

① 堆肥过程中产生的残余物应及时处理，不应在厂区内积存。

② 能够回收利用的残余物宜回收利用，不可回收的残余物应进行焚烧或卫生填埋处置。

(2) 渗滤液与臭气控制

① 工艺过程中产生的渗滤液应循环使用，如不能循环使用应将产生的渗滤液统一收集处理，达标排放。

② 工艺过程中产生的臭气应集中收集，经除臭处理后排放。

（3）环境管理

① 厂界噪声标准应符合 GB 12348 的规定。

② 渗滤液和污水排放标准应符合 DB11/ 307 的规定。

③ 厂界空气总悬浮颗粒物、二氧化硫、二氧化氮、一氧化碳允许浓度应符合 GB 3095 和 GB 16297 的规定。

④ 厂界氨气、硫化氢、臭气浓度等污染物允许浓度应符合 GB 14554 的规定。厂区内不得有明显恶臭。

⑤ 厂区环境卫生应整洁，无白色污染、污水积存等脏乱现象。

⑥ 每天作业完毕后，及时清扫厂区内遗撒垃圾……

2.5　生活垃圾填埋污染控制标准

《生活垃圾填埋场污染控制标准》（GB 16889—2008）部分内容如下。

（1）运行要求

① 填埋作业应分区、分单元进行，不运行作业面应及时覆盖。不得同时进行多作业面填埋作业或者不分区全场敞开式作业。中间覆盖应形成一定的坡度。每天填埋作业结束后，应对作业面进行覆盖；特殊气象条件下应加强对作业面的覆盖。

② 填埋作业应采取雨污分流措施，减少渗滤液的产生量。

③ 生活垃圾填埋场运行期内，应控制堆体的坡度，确保填埋堆体的稳定性。

④ 生活垃圾填埋场运行期内，应定期检测防渗衬层系统的完整性。当发现防渗衬层系统发生渗漏时，应及时采取补救措施。

⑤ 生活垃圾填埋场运行期内，应定期检测渗滤液导排系统的有效性，保证正常运行。当衬层上的渗滤液深度大于 30cm 时，应及时采取有效疏导措施排除积存在填埋场内的渗滤液。

⑥ 生活垃圾填埋场运行期内，应定期检测地下水水质。当发现地下水水质有被污染的迹象时，应及时查找原因，发现渗漏位置并采取补救措施，防止污染进一步扩散。

⑦ 生活垃圾填埋场运行期内，应定期并根据场地和气象情况随时进行防蚊蝇、灭鼠和除臭工作。

⑧ 生活垃圾填埋场运行期以及封场后期维护与管理期间，应建立运行情况记录制度，如实记载有关运行管理情况，主要包括生活垃圾处理、处置设备工艺控制参数，进入生活垃圾填埋场处置的非生活垃圾的来源、种类、数量、填埋位置，封场及后期维护与管理情况，以及环境监测数据等。运行情况记录簿应当按照国家有关档案管理等法律法规进行整理和保管。

(2) 水污染物排放控制要求

生活垃圾填埋场应设置污水处理装置，生活垃圾渗滤液（含调节池废水）等污水经处理并符合本标准规定的污染物排放控制要求后，可直接排放（表6）。

表6　现有和新建生活垃圾填埋场水污染物排放浓度限值

序号	控制污染物	排放浓度限值	污染物排放监控位置
1	色度/倍	40	常规污水处理设施排放口
2	化学需氧量/(mg/L)	100	常规污水处理设施排放口
3	生化需氧量/(mg/L)	30	常规污水处理设施排放口
4	悬浮物/(mg/L)	30	常规污水处理设施排放口
5	总氮/(mg/L)	40	常规污水处理设施排放口
6	氨氮/(mg/L)	25	常规污水处理设施排放口
7	总磷/(mg/L)	3	常规污水处理设施排放口
8	粪大肠菌群数/(个/L)	10000	常规污水处理设施排放口
9	总汞/(mg/L)	0.001	常规污水处理设施排放口
10	总镉/(mg/L)	0.01	常规污水处理设施排放口
11	总铬/(mg/L)	0.1	常规污水处理设施排放口
12	六价铬/(mg/L)	0.05	常规污水处理设施排放口
13	总砷/(mg/L)	0.1	常规污水处理设施排放口
14	总铅/(mg/L)	0.1	常规污水处理设施排放口

(3) 甲烷排放控制要求

① 填埋工作面上 2m 以下高度范围内甲烷的体积百分比应不大于0.1%。

② 生活垃圾填埋场应采取甲烷减排措施；当通过导气管道直接排放填埋气体时，导气管排放口的甲烷的体积百分比不大于5%。

③ 生活垃圾填埋场在运行中应采取必要的措施防止恶臭物质的扩散。

在生活垃圾填埋场周围环境敏感点方位的场界的恶臭污染物浓度应符合 GB 14554 的规定。

2.6 生活垃圾焚烧污染控制标准

《生活垃圾焚烧污染控制标准》（GB 18485—2014）部分内容如下。

（1）技术要求

① 生活垃圾的运输应采取密闭措施，避免在运输过程中发生垃圾遗撒、气味泄漏和污水滴漏。

② 生活垃圾贮存设施和渗滤液收集设施应采取封闭负压措施，并保证其在运行期和停炉期均处于负压状态。这些设施内的气体应优先通入焚烧炉中进行高温处理，或收集并经除臭处理满足 GB 14554 要求后排放。

③ 生活垃圾焚烧炉的主要技术性能指标应满足下列要求。

a. 炉膛内焚烧温度、炉膛内烟气停留时间和焚烧炉渣热灼减率应满足表 7 的要求。

表 7 生活垃圾焚烧炉主要技术性能指标

序号	项 目	指标	检验方法
1	炉膛内焚烧温度	≥850℃	在二次空气喷入点所在断面、炉膛中部断面和炉膛上部断面中至少选择两个断面分别布设监测点，实行热电偶实时在线测量
2	炉膛内烟气停留时间	≥2s	根据焚烧炉设计书检验和制造图核验炉膛内焚烧温度监测点断面间的烟气停留时间
3	焚烧炉渣热灼减率	≤5%	HJ/T 20

b. 2015 年 12 月 31 日前，现有生活垃圾焚烧炉排放烟气中一氧化碳浓度执行 GB 18485—2001 中规定的限值。

c. 自 2016 年 1 月 1 日起，现有生活垃圾焚烧炉排放烟气中一氧化碳浓度执行表 8 规定的限值。

d. 自 2014 年 7 月 1 日起，新建生活垃圾焚烧炉排放烟气中一氧化碳浓度执行表 8 规定的限值。

表 8　新建生活垃圾焚烧炉排放烟气中一氧化碳浓度限值

取值时间	限值/(mg/m^3)	监测方法
24 小时均值	80	HJ/T 44
1 小时均值	100	

④ 每台生活垃圾焚烧炉必须单独设置烟气净化系统并安装烟气在线监测装置，处理后的烟气应采用独立的排气筒排放；多台生活垃圾焚烧炉的排气筒可采用多筒集束式排放。

⑤ 焚烧炉烟囱高度不得低于表 9 规定的高度，具体高度应根据环境影响评价结论确定。如果在烟囱周围 200m 半径距离内存在建筑物时，烟囱高度应至少高出这一区域内最高建筑物 3m 以上。

表 9　焚烧炉烟囱高度

焚烧处理能力/(t/d)	烟囱最低允许高度/m
<300	45
$\geqslant 300$	60

注：在同一厂区内如同时有多台焚烧炉，则以各焚烧炉焚烧处理能力综合作为评判依据。

⑥ 焚烧炉应设置助燃系统，在启、停炉时以及当炉膛内焚烧温度低于表 7 要求的温度时使用并保证焚烧炉的运行工况满足本标准焚烧炉主要技术性能指标的要求。

⑦ 应按照 GB/T 16157 的要求设置永久采样孔，并在采样孔的正下方约 1m 处设置不小于 $3m^2$ 的带护栏的安全监测平台，并设置永久电源(220V) 以便放置采样设备，进行采样操作。

(2) 运行要求

① 焚烧炉在启动时，应先将炉膛内焚烧温度升至本标准规定的温度后才能投入生活垃圾。自投入生活垃圾开始，应逐渐增加投入量直至达到额定垃圾处理量；在焚烧炉启动阶段，炉膛内焚烧温度应满足本标准表 7 要求，焚烧炉应在 4h 内达到稳定工况。

② 焚烧炉在停炉时，自停止投入生活垃圾开始，启动垃圾助燃系统，保证剩余垃圾完全燃烧，并满足本标准表 7 所规定的炉膛内焚烧温度的要求。

③ 焚烧炉在运行过程中发生故障，应及时检修，尽快恢复正常。如果

无法修复应立即停止投加生活垃圾，按照本标准要求操作停炉。每次故障或者事故持续排放污染物时间不应超过4h。

④ 焚烧炉每年启动、停炉过程排放污染物的持续时间以及发生故障或事故排放污染物持续时间累计不应超过60h。

⑤ 生活垃圾焚烧厂运行期间，应建立运行情况记录制度，如实记载运行管理情况，至少应包括废物接收情况、入炉情况、设施运行参数以及环境监测数据等。运行情况记录簿应按照国家有关档案管理的法律法规进行整理和保管。

（3）排放控制要求

① 2015年12月31日前，现有生活垃圾焚烧炉排放烟气中污染物浓度执行GB 18485—2001中规定的限值。

② 自2016年1月1日起，现有生活垃圾焚烧炉排放烟气中污染物浓度执行表10规定的限值。

③ 自2014年7月1日起，新建生活垃圾焚烧炉排放烟气中污染物浓度执行表10规定的限值。

表10 生活垃圾焚烧炉排放烟气中污染物限值

序号	污染物项目	限值	取值时间
1	颗粒物/(mg/m^3)	30	1小时均值
		20	24小时均值
2	氮氧化物(NO_x)/(mg/m^3)	300	1小时均值
		250	24小时均值
3	二氧化硫(SO_2)/(mg/m^3)	100	1小时均值
		80	24小时均值
4	氯化氢(HCl)/(mg/m^3)	60	1小时均值
		50	24小时均值
5	汞及其化合物(以Hg计)/(mg/m^3)	0.05	测定均值
6	镉、铊及其化合物(以Cd+Tl计)/(mg/m^3)	0.1	测定均值
7	锑、砷、铅、铬、钴、铜、锰、镍及其化合物(以Sb+As+Pb+Cr+Co+Cu+Mn+Ni计)/(mg/m^3)	1.0	测定均值
8	二噁英/(ng TEQ/m^3)	0.1	测定均值
9	一氧化碳(CO)/(mg/m^3)	100	1小时均值
		80	24小时均值

④ 生活污水处理设施产生的污泥、一般工业固体废物的专用焚烧炉排放烟气中二噁英类污染物浓度执行表 11 中规定的限值。

表 11　生活污水处理设施产生的污泥、一般工业固体废物专用焚烧炉排放烟气中二噁英类限值

焚烧处理能力/(t/d)	二噁英类排放限值/(ng TEQ/m^3)	取值时间
>100	0.1	测定均值
50～100	0.5	测定均值
<50	1.0	测定均值

⑤ 在本标准“运行要求”规定的时间内，所获得的监测数据不作为评价是否达到本标准排放限值的依据，但在这些时间内颗粒物浓度的 1h 均值不得大于 150mg/m^3。

⑥ 生活垃圾焚烧飞灰与焚烧炉渣应分别收集、贮存、运输和处置。生活垃圾焚烧飞灰应按危险废物进行管理，如进入生活垃圾填埋场处置，应满足 GB 16889 的要求；如进入水泥窑处置，应满足 GB 30485 的要求。

⑦ 生活垃圾渗滤液和车辆清洗废水应收集并在生活垃圾焚烧厂内处理或送至生活垃圾填埋场渗滤液处理设施处理，处理后满足 GB 16889 表 2 的要求（如厂址在符合 GB 16889 中第 9.1.4 条要求的地区，应满足 GB 16889 表 3 的要求）后，可直接排放。

若通过污水管网或采用密闭输送方式送至采用二级处理方式的城市污水处理厂处理，应满足以下条件。

① 在生活垃圾焚烧厂内处理后，总汞、总镉、总铬、六价铬、总砷、总铅等污染物浓度达到 GB 16889 表 2 规定的浓度限值要求。

② 城市二级污水处理厂每日处理生活垃圾渗滤液和车辆清洗废水总量不超过污水处理量的 0.5%。

③ 城市二级污水处理厂应设置生活垃圾渗滤液和车辆清洗废水专用调节池，将其均匀注入生化处理单元。

④ 不影响城市二级污水处理厂的污水处理效果。